Examens-Fragen Chemie für Mediziner

Zum Gegenstandskatalog

H. P. Latscha G. Schilling H. A. Klein

Dritte, ergänzte und neubearbeitete Auflage

425 Fragen mit 6 Abbildungen

Springer-Verlag
Berlin Heidelberg New York 1980

Professor Dr. Hans Peter Latscha
Anorganisch Chemisches Institut der Universität
Im Neuenheimer Feld 270, 6900 Heidelberg 1

Dr. Gerhard Schilling
Organisch Chemisches Institut der Universität
Im Neuenheimer Feld 270, 6900 Heidelberg 1

Dr. Helmut Alfons Klein
Organisch Chemisches Institut der Universität
Olshausenstr. 40-60, 2300 Kiel

CIP-Kurztitelaufnahme der Deutschen Bibliothek
Latscha, Hans P.:
Examens-Fragen Chemie für Mediziner : zum Gegenstandskatalog / H. P. Latscha ;
G. Schilling ; H. A. Klein. - 3., erg. u. neubearb. Aufl. - Berlin, Heidelberg, New York :
Springer, 1980.
ISBN-13: 978-3-540-09775-4   e-ISBN-13: 978-3-642-67486-0
DOI: 10.1007/978-3-642-67486-0
NE: Schilling, Gerhard: ; Klein, Helmut A.:

Das Werk ist urheberrechtlich geschützt. Die dadurch begründeten Rechte, insbesondere die der
Übersetzung, des Nachdruckes, der Funksendung, der Wiedergabe auf photomechanischem oder
ähnlichem Wege und der Speicherung in Datenverarbeitungsanlagen bleiben, auch bei nur aus-
zugweiser Verwertung, vorbehalten. Bei Vervielfältigungen für gewerbliche Zwecke ist gemäß
§ 54 UrhG eine Vergütung an den Verlag zu zahlen, deren Höhe mit dem Verlag zu verein-
baren ist.
© Springer-Verlag Berlin Heidelberg 1975, 1977, 1980.

Die Wiedergabe von Gebrauchsnamen, Handelsnamen, Warenbezeichnungen usw. in diesem
Werk berechtigt auch ohne besondere Kennzeichnung nicht zu der Annahme, daß solche Namen
im Sinne der Warenzeichen- und Markenschutz-Gesetzgebung als frei zu betrachten wären und
daher von jedermann benutzt werden dürften.

Vorwort zur dritten Auflage

Nach der Approbationsordnung für Ärzte wird die ärztliche Vorprüfung schriftlich mit multiple choice-Fragen durchgeführt. In der vorliegenden Fragensammlung haben wir versucht, das im "Gegenstandskatalog für die Fächer der ärztlichen Vorprüfung" geforderte chemische Grundwissen in multiple choice-Fragen umzusetzen. Es war unser Ziel, dem Studenten Übungsmaterial an die Hand zu geben, damit er sich mit der Frage-Antwort-Technik vertraut machen (Selbstkontrolle) und sein Chemiewissen überprüfen kann (Vorbereitung auf die Prüfungssituation).

Die meisten Fragen sind so ausgewählt, daß sie in der vorgesehenen Zeit von 90 Sekunden ohne Hilfsmittel wie Rechenschieber beantwortet werden können. Das im Gegenstandskatalog geforderte Wissen wird dabei vorausgesetzt. Es kann z.B. mit Hilfe des Buches von Latscha und Klein "Chemie für Mediziner" aus dem Springer-Verlag repetiert werden. Ebenso wie in der Prüfung sind auch schwierigere Fragen vorhanden. Dies gilt besonders für die Fragentypen C und D. Obwohl es manchmal schwierig war, geeignete plausible Distraktoren zu finden (d.h. falsche Antworten, die von der Lösung ablenken sollen), haben wir uns bemüht, zu den meisten Lernzielen wenigstens eine Frage zu stellen.

Die Fragen sind in der gleichen Reihenfolge angeordnet wie im Gegenstandskatalog. Am Kopf jeder Frage finden sich 3 Angaben. Die 1. Zahl ist die Fragennummer, die 2. Zahl ist die Nummer des zugehörigen Lernziels des Gegenstandskatalogs, die 3. Angabe betrifft den Fragentyp. Am Schluß der Fragensammlung findet sich der Antwortenschlüssel. Im übrigen möchten wir darauf hinweisen, daß die Fragensammlung kein Lehrbuch ersetzen kann. Für jede Kritik von Seiten der Benutzer sind wir dankbar.

Heidelberg, im Winter 1979/80   Die Herausgeber

Inhaltsverzeichnis

Hinweise zur Benutzung der Fragensammlung VII

Allgemeine Chemie 1
 1 Atombau 1
 2 Chemische Bindung, Molekülbegriff 17
 3 Zustandsformen der Materie 33
 4 Reaktionen der Stoffe 38
 5 Homogene Gleichgewichte 51
 6 Heterogene Gleichgewichte 69
 7 Kinetik, Energetik 76
 8 Formelanhang 87

Organische Chemie 88
 9 Struktur und Stereochemie organischer Moleküle . 88
 10 Reaktionen mit Kohlenwasserstoffen 113
 11 Heterocyclen 122
 12 Monofunktionelle und einfache polyfunktionelle
    Verbindungen 126
 13 Polyfunktionelle, natürlich vorkommende
    Verbindungen 159
 14 Funktionelle Gruppen in Naturstoffen und
    Arzneimitteln 183
 15 Name und Strukturformel spezifischer Ver-
    bindungen 184

Antwortenschlüssel 194

Hinweise zur Benutzung der Fragensammlung *

Am Kopf jeder Frage finden sich 3 Angaben. Die 1. Zahl ist die Fragennummer, welche die Frage in diesem Buch erhält. Die 2. Zahl ist die Nummer des zugehörigen Lernziels des Gegenstandskatalogs. Die 3. Angabe ist der Fragen-Typ nach der Klassifizierung des Instituts für medizinische und pharmazeutische Prüfungsfragen in Mainz.

Fragentyp A = Einfachauswahl

Auf eine Frage oder unvollständige Aussage folgen 5 Antworten oder Ergänzungen, von denen eine einzige auszuwählen ist, und zwar entweder die einzig richtige oder die beste von mehreren möglichen oder die einzig falsche. Die Frage nach der einzig richtigen Antwort wird am häufigsten gestellt. Wenn nach der "besten" oder der einzig falschen Antwort gefragt wird, so geht dies aus dem Aufgabentext ausdrücklich hervor.

Fragentyp B = Aufgabengruppe mit gemeinsamem Antwortangebot (Zuordnung)

Jede Aufgabengruppe besteht aus
a) einer beliebigen Anzahl von numerierten Begriffen, Fragen oder Aussagen (= Aufgabenliste = Liste 1).
b) 5 durch die Buchstaben A - E gekennzeichneten Antwortmöglichkeiten (= Liste 2).

Eine Fragengruppe enthält so viele - einzeln bewertete - Aufgaben, wie die Aufgabenliste Punkte hat.
Zu jeder numerierten Aufgabe ist die Antwort A - E auszuwählen, die für zutreffend gehalten wird. Jede Antwortmöglichkeit kann einmal, mehrmals oder überhaupt nicht als Lösung vorkommen.

Fragentyp C = kausale Verknüpfung

Dieser Aufgabentyp besteht aus zwei durch das Wort "weil" verknüpfte Feststellungen.
Jede der beiden Feststellungen kann unabhängig von der anderen richtig oder falsch sein. Wenn sie beide richtig sind, kann die Verknüpfung durch "weil" richtig oder falsch sein.

---

*siehe auch Ausklapptafel am Ende des Buches.

Bitte kreuzen Sie die Antwort A - E an, die nach Ihrer
Meinung die beiden Feststellungen und ihre Verknüpfung
richtig beurteilt:

Antwort	Feststellung 1	Feststellung 2	Verknüpfung
A	richtig	richtig	richtig
B	richtig	richtig	falsch
C	richtig	falsch	-
D	falsch	richtig	-
E	falsch	falsch	-

Fragentyp D = Antworten mit Aussagenkombinationen

Auf eine Frage oder unvollständige Aussage folgen numerierte Begriffe oder Sätze, von denen einer oder mehrere
zutreffen können.
Für jede Aufgabe nach Typ D werden 5 Kombinationen der
numerierten Aussagen vorgegeben.
Aus diesen mit den Buchstaben A - E gekennzeichneten Antworten wählen Sie bitte die Aussagenkombination aus,
die Sie für richtig halten.

Allgemeine Chemie

1 Atombau

1.01 1.1.1 Fragentyp A

Welche Aussage über das Atom trifft <u>nicht</u> zu?

A. Atome sind aus Elementarteilchen aufgebaut.
B. Der Atomkern ist positiv geladen.
C. Der Atomkern enthält immer so viel Neutronen wie Protonen.
D. Die Elektronenhülle bedingt hauptsächlich das Atomvolumen.
E. Im Atomkern konzentriert sich die Hauptmasse des Atoms.

1.02 1.1.1 Fragentyp A

Welche Antwort trifft zu?

Ein Element läßt sich eindeutig charakterisieren durch seine

A. Neutronenzahl   D. Atommasse
B. Massenzahl   E. Elektronenzahl
C. Protonenzahl

1.03 1.1.1 Fragentyp B

Welche der Ladungen (A-E) aus Liste 2 tragen jeweils die in Liste 1 genannten Elementarteilchen?

<u>Liste 1</u>   <u>Liste 2</u>

1. Proton   A. -1   D. +1
2. Neutron   B. 0   E. +10
3. Elektron   C. +0,1

1.04 1.1.1 Fragentyp A

Der Durchmesser eines Atoms beträgt etwa

A. 10^{-4} cm (= 10^{-6} m)
B. 10^{-6} cm (= 10^{-8} m)
C. 10^{-8} cm (= 10^{-10} m)
D. 10^{-12} cm (= 10^{-14} m)
E. 10^{-23} cm (= 10^{-25} m)

1.05 1.1.1 Fragentyp A

Welche Aussage trifft zu?
α-Strahlen bestehen aus

A. Heliumatomkernen
B. Elektronen
C. elektromagnetischer Strahlung
D. Lichtquanten
E. γ-Quanten

1.06 1.1.2 Fragentyp C

Ein chemisches Element läßt sich durch seine Ordnungszahl eindeutig charakterisieren,

weil

jedes Element aus Isotopen gleicher Kernladungszahl besteht.

1.07 1.1.2 Fragentyp A

Welche Aussage trifft nicht zu?
Das Wasserstoff-Isotop $^{2}_{1}H$

A. ist das einfachste existenzfähige Atom
B. besteht aus einem Proton, einem Neutron und einem Elektron
C. hat die Ordnungszahl eins

D. hat die Massenzahl zwei
E. ist eine Atomart (Nuclid) des Elements Wasserstoff

1.08   1.1.2   Fragentyp A

Welche Aussage über die Massenzahl eines Elements trifft nicht zu?

A. Sie ist die Summe der Zahl der Neutronen und Protonen.
B. Sie entspricht ungefähr der Atommasse.
C. Sie ist stets ganzzahlig.
D. Sie ist die Summe der Massen der Isotope eines Elements.
E. Sie hat für jedes Isotop einen bestimmten Wert.

1.09   1.1.3   Fragentyp A

Welche Aussage trifft zu?
Isotope eines Elements haben

A. gleiche Kernladungszahl und gleiche Neutronenzahl
B. gleiche Kernladungszahl und gleiche Massenzahl
C. gleiche Ordnungszahl aber verschiedene Kernladungszahl
D. gleiche Ordnungszahl aber verschiedene Elektronenzahl
E. gleiche Kernladungszahl aber verschiedene Massenzahl

1.10   1.1.3   Fragentyp A

Welche Aussage über Isotope trifft zu?

A. Es gibt nur stabile Isotope.
B. Es gibt nur instabile Isotope.
C. Isotope sind Nuclide mit gleicher Protonenzahl.
D. Isotope sind stets radioaktiv.
E. In allen Isotopen eines Elements ist stets die Protonenzahl gleich der Neutronenzahl.

1.11   1.1.3   Fragentyp D

Aus der Angabe $^{14}_{6}C$ kann man entnehmen, daß dieses Element

1) ein Kohlenstoffisotop ist
2) in seiner Elektronenhülle 8 Elektronen enthält
3) die relative Atommasse 20 hat
4) in seinem Kern 8 Neutronen enthält
5) maximal 6 Elektronen abgeben kann
6) radioaktiv ist und daher nur aus Protonen und Neutronen besteht

Wählen Sie bitte die zutreffende Aussagenkombination.

A. Nur 1 ist richtig
B. Nur 3 und 6 sind richtig
C. Nur 1, 4 und 5 sind richtig
D. Nur 2, 3 und 4 sind richtig
E. Nur 1, 5 und 6 sind richtig

1.12   1.1.3   Fragentyp A

Welche Aussage trifft zu?

β-Strahlen bestehen aus

A. Heliumatomkernen
B. Elektronen
C. elektromagnetischer Strahlung
D. Lichtquanten
E. Protonen

1.13   1.1.3   Fragentyp A

Welche Aussage trifft zu?

Ein Isotop

A. ist ein Elementarteilchen
B. ist eine Atomart (Nuclid) eines Elements

C. ist Teil eines radioaktiven Atoms
D. besteht nur aus Protonen und Neutronen
E. Keine der Aussagen trifft zu

1.14 1.1.3 Fragentyp A

Welche Aussage über die Aktivität eines radioaktiven Präparates trifft zu?

A. Sie ist unabhängig vom jeweiligen Element.
B. Sie zeigt eine lineare Abnahme mit der Zeit.
C. Sie nimmt ab entsprechend einer Reaktion nullter Ordnung.
D. Sie nimmt ab entsprechend einer Reaktion erster Ordnung.
E. Sie ist unabhängig von der Ausgangsmenge.

1.15 1.1.3 Fragentyp A

Welche Aussage trifft zu?
γ-Quanten sind

A. Heliumatomkerne
B. Elektronen
C. elektromagnetische Strahlung
D. Lichtquanten
E. energiereiche Protonen

1.16 1.1.4 Fragentyp A

Welche Aussage trifft zu?
Die Avogadro-Konstante N_A (Loschmidtsche Zahl N_L) ist

A. eine bestimmte Anzahl von Teilchen
B. die Konzentration einer Substanz in 1 Liter Lösung
C. die Zahl der Moleküle in einem Liter Gas
D. abhängig vom Aggregatzustand der betrachteten Substanz
E. Keine Antwort trifft zu

1.17   1.1.4   Fragentyp A

Welches Volumen nehmen 2 mol eines idealen Gases bei 300 K und 1 bar Druck ein?
(Gasgleichung $p \cdot v = 0{,}08 \; l \cdot bar \cdot K^{-1} \cdot mol^{-1} \cdot n \cdot T$)

A. 12 Liter
B. 24 Liter
C. 48 Liter
D. 22 Liter
E. Keiner der Werte ist richtig

1.18   1.1.5   Fragentyp D

Welche Aussagen treffen zu?
Die Molekularmasse in der atomaren Masseneinheit u

1) gibt an, wieviel das Molekül in Gramm wiegt
2) gibt an, wievielmal schwerer das Molekül ist als 1/12 des Kohlenstoffisotops $^{12}_{6}C$
3) ist die Summe der Atommassen aller Atome eines Moleküls
4) ist identisch mit der Molarität einer Verbindung

Wählen Sie bitte die zutreffende Aussagenkombination.

A. Nur 2 ist richtig
B. Nur 1 und 3 sind richtig
C. Nur 2 und 4 sind richtig
D. Nur 1, 2 und 3 sind richtig
E. Alle Aussagen sind richtig

1.19   1.1.5   Fragentyp C

Das Wasserstoffatom $^{1}_{1}H$ hat die Atommasse 1,0079 u,

weil

u als atomare Masseneinheit (1/12 der Masse von $^{12}_{6}C$) definiert wurde.

1.20 1.1.5 Fragentyp A

Die Atommasse des Wasserstoffs (absolute Atommasse) beträgt etwa

A. 10^{-24} g
B. 10^{-12} g
C. 10^{-3} g
D. 10^{8} g
E. 10^{23} g

1.21 1.1.5 Fragentyp A

Welche Aussage trifft zu?
Die Massenzahl eines Elements ist

A. die Summe aus der Zahl der Protonen und Neutronen
B. die Summe aus Ordnungszahl und Kernladungszahl
C. gleich der Zahl der Protonen
D. gleich der Summe der Massen der Protonen und Elektronen
E. gleich der Summe der Massen der Neutronen und Elektronen

1.22 1.1.5 Fragentyp A

Die relativen Massen von Proton, Neutron und Elektron verhalten sich zueinander wie

A. 0,5 : 1 : 10^{-3}
B. 1 : 0,5 : 0,1
C. 1 : 0,1 : 1
D. 1 : 1 : 10^{-4}
E. 10^{2} : 10 : 1

1.23   1.1.6   Fragentyp D

Welche Aussagen über Atomorbitale treffen zu?

1) Wellenfunktionen für stationäre Zustände von Elektronen in einem Atom nennt man Atomorbitale.
2) Ein Orbital kann qualitativ als Raum der Aufenthaltswahrscheinlichkeit von Elektronen beschrieben werden.
3) Zur eindeutigen Charakterisierung von Orbitalen genügt die Angabe der Nebenquantenzahl l.
4) Die Ladungswolke von s-Orbitalen kann als kugelförmig betrachtet werden.
5) Die Ladungswolke von p-Orbitalen kann angenähert als hantelförmig beschrieben werden.

Wählen Sie bitte die zutreffende Aussagenkombination.

A. Nur 1, 3 und 4 sind richtig
B. Nur 2, 3 und 4 sind richtig
C. Nur 2, 3 und 5 sind richtig
D. Nur 1, 2, 4 und 5 sind richtig
E. Alle Aussagen sind richtig

1.24   1.1.6   Fragentyp B

Ordnen Sie bitte den Begriffen in Liste 1 jeweils das entsprechende Orbitalmodell aus Liste 2 zu.

Liste 1

1) sp^3-Hybrid
2) sp^2-Hybrid

Liste 2

A.

B.
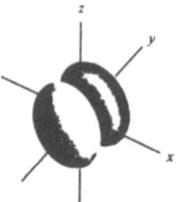

C.
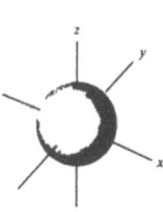

D. 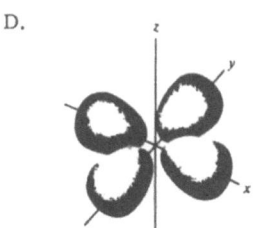 E.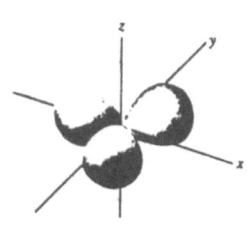

1.25 1.1.6 Fragentyp A

Welche Aussage über Elektronen und Orbitale trifft <u>nicht</u> zu?

A. Elektronen können in einem Atom jeden beliebigen Energiewert annehmen.
B. Ein Atomorbital kann höchstens mit zwei Elektronen besetzt werden.
C. Es gibt keine Elektronen, die in allen Quantenzahlen übereinstimmen.
D. Jedes Elektron in einem Atom kann durch vier Quantenzahlen eindeutig charakterisiert werden.
E. Das Orbital ermöglicht eine Aussage über die Aufenthaltswahrscheinlichkeit eines Elektrons.

1.26 1.2.1 Fragentyp A

Welche Aussage trifft zu?

Das Periodensystem der Elemente entsteht, wenn man die Elemente

A. nach steigender Atommasse anordnet
B. nach zunehmendem Atomradius anordnet und zusätzlich nach ihrem Ionisierungspotential untergliedert
C. nach zunehmendem metallischen Charakter in Perioden einteilt
D. nach steigender Kernladungszahl anordnet und chemisch verwandte Elemente in Gruppen zusammenfaßt
E. unter Berücksichtigung von Ionenradius und Elektronegativität nach ihrer Reaktivität in Elementfamilien einordnet

1.27 1.2.2 Fragentyp A

Welche Aussage trifft nicht zu?

Die Elektronenaffinität

A. nimmt innerhalb einer Periode im allgemeinen von links nach rechts zu
B. nimmt innerhalb einer Gruppe von oben nach unten ab
C. ist definiert als die Energie, die mit der Elektronenaufnahme verbunden ist
D. ist die Energie, die bei der Bildung eines Salzes aus isolierten Ionen frei wird
E. ist eine Eigenschaft der Elemente, die sich mit zunehmender Ordnungszahl ändert

1.28 1.2.2 Fragentyp A

Welche Aussage trifft nicht zu?

Für Hauptgruppenelemente gilt:

A. Beim Durchlaufen einer Periode von links nach rechts werden nur die inneren Schalen aufgefüllt.
B. Beim Durchlaufen einer Periode von links nach rechts werden hauptsächlich die äußeren Schalen aufgefüllt.
C. Die Gruppennummer gibt die maximale Oxidationszahl an.
D. Innerhalb einer Gruppe nimmt der Elementradius von oben nach unten zu.
E. Beim Durchlaufen einer Periode von links nach rechts nimmt die Elektronegativität zu.

1.29 1.2.2 Fragentyp C

Metalle besitzen im festen Zustand ein großes elektrisches Leitvermögen,

weil

die Valenzelektronen in Metallgittern quasi frei beweglich sind.

1.30　　　　　　　　1.2.2　　　　　　Fragentyp A

Unter Elektronegativität versteht man

A. die Fähigkeit einer Substanz, in Ionen zu zerfallen
B. ein Maß für die gegenseitige Abstoßung gleichsinnig geladener Teilchen
C. ein Maß für das Bestreben von Atomen, in einer kovalenten Einfachbindung Elektronen an sich zu ziehen
D. die freiwerdende Energie bei der Aufnahme eines Elektrons durch ein Atom, Ion oder Molekül
E. die aufzuwendende Energie, um ein Elektron aus einem Atom abzuspalten

1.31　　　　　　　　1.2.2　　　　　　Fragentyp B

Ordnen Sie bitte jedem der Begriffe in Liste 1 die richtige Definition aus Liste 2 zu:

Liste 1　　　1. Elektronegativität
　　　　　　 2. Elektronenaffinität
　　　　　　 3. Ionisierungsenergie

Liste 2

A. ist die Energie, die mit der Aufnahme eines Elektrons verbunden ist
B. ist die Energie, die zur Abspaltung eines Elektrons nötig ist
C. ist die Energie, die bei dem Zerfall einer Substanz in Ionen frei wird
D. ist die Fähigkeit eines Atoms, Elektronen in einer Bindung an sich zu ziehen
E. ist die Fähigkeit, in einer Lösung in Ionen zu zerfallen

1.32   1.2.2   Fragentyp D

Die Elektronegativität

1) nimmt innerhalb einer Periode von links nach rechts zu
2) nimmt innerhalb einer Periode von links nach rechts ab
3) nimmt innerhalb einer Gruppe von oben nach unten zu
4) nimmt innerhalb einer Gruppe von oben nach unten ab
5) hat in der Mitte einer Periode ein Maximum

Wählen Sie bitte die zutreffende Aussagenkombination.

A. Nur 1 und 4 sind richtig
B. Nur 1 und 3 sind richtig
C. Nur 2 und 3 sind richtig
D. Nur 2 und 4 sind richtig
E. Nur 3 und 5 sind richtig

1.33   1.2.2   Fragentyp D

Welche Aussagen über das Periodensystem der Elemente sind richtig?

1) Chemisch verwandte Elemente stehen im Periodensystem in der gleichen Periode.
2) Im Periodensystem sind die Elemente nach steigender Kernladung angeordnet.
3) Im Periodensystem werden ausgehend vom Wasserstoff die Energieniveaus entsprechend ihrer energetischen Reihenfolge mit Elektronen besetzt.
4) Im Periodensystem folgen die Elemente mit zunehmender Massenzahl direkt aufeinander.

Wählen Sie bitte die zutreffende Aussagenkombination.

A. Nur 2 ist richtig
B. Nur 1 und 4 sind richtig
C. Nur 2 und 3 sind richtig
D. Nur 3 und 4 sind richtig
E. Alle Aussagen sind richtig

1.34 1.2.2 Fragentyp A

Welche Aussage trifft nicht zu?

In einer Gruppe des Periodensystems wird in der Regel von oben nach unten

A. die Elektronenaffinität abnehmen
B. der Atomradius abnehmen
C. die Ionisierungsenergie abnehmen
D. die Elektronegativität abnehmen
E. der Metallcharakter zunehmen

1.35 1.2.2
     1.2.3 Fragentyp A

Welche Aussage trifft nicht zu?
Alkalimetalle

A. haben geringe Elektronegativitäten
B. haben kleine Ionisierungspotentiale
C. bilden 1- und 2-wertige Kationen
D. sind Reduktionsmittel
E. bilden mit Halogenen Salze

1.36 1.2.3 Fragentyp D

Welche der nachfolgend angegebenen Elemente sind Nebengruppen-Elemente?

1) Na   3) Fe   5) Au
2) P   4) Co

Wählen Sie bitte die zutreffende Aussagenkombination.

A. Nur 1 und 3 sind richtig
B. Nur 2 und 5 sind richtig
C. Nur 3 und 4 sind richtig
D. Nur 1, 2 und 3 sind richtig
E. Nur 3, 4 und 5 sind richtig

1.37 1.2.3 Fragentyp A

Welche Zuordnung ist <u>nicht</u> richtig?

A. K – Alkalimetall
B. Cl_2 – Halogen
C. H_2 – Edelgas
D. Ba – Erdalkalimetall
E. F_2 – Halogen

1.38 1.2.3 Fragentyp A

Welche Aussage trifft <u>nicht</u> zu?
Für Nebengruppenelemente gilt:

A. Sie füllen beim Durchlaufen einer Periode von links nach rechts vorzugsweise die inneren Schalen auf.
B. Sie kommen oft in mehreren Oxidationsstufen vor.
C. Sie sind im allgemeinen Metalle.
D. Sie bilden oft Komplex-Verbindungen.
E. Sie sind schlechte elektrische Leiter.

1.39 1.2.5 Fragentyp A

Welche Angabe über die Stellung der genannten Elemente im Periodensystem trifft <u>nicht</u> zu?

A. Na – 1. Hauptgruppe
B. Ba – 2. Hauptgruppe
C. N – 5. Hauptgruppe
D. P – 6. Hauptgruppe
E. Cl – 7. Hauptgruppe

1.40 1.2.5 Fragentyp A

Welche Angabe über die Stellung der genannten Elemente im Periodensystem trifft nicht zu?

A. K - 1. Hauptgruppe
B. Li - 1. Hauptgruppe
C. C - 4. Hauptgruppe
D. S - 7. Hauptgruppe
E. O - 6. Hauptgruppe

1.41 1.2.5
      1.2.7 Fragentyp A

Welche Zuordnung ist nicht richtig?

A. Li - Lithium
B. Na - Natrium
C. K - Kupfer
D. Ba - Barium
E. F - Fluor

1.42 1.2.6 Fragentyp A

Welche Zuordnung trifft nicht zu?

A. Eisen - Fe   D. Zink   - Sn
B. Gold   - Au   E. Cobalt - Co
C. Kupfer - Cu

1.43 1.2.6
      1.2.7 Fragentyp A

Welche Zuordnung ist nicht richtig?

A. As - Arsen
B. O - Sauerstoff
C. Au - Silber
D. Mg - Magnesium
E. He - Helium

1.44 1.2.6 Fragentyp A

Welche Zuordnung trifft zu?

A. Zink - Zn
B. Quecksilber - Ag
C. Platin - P
D. Chrom - C
E. Gold - As

1.45 1.2.6 / 1.2.7 Fragentyp A

Welche der folgenden Aussagen über Metalle trifft <u>nicht</u> zu?

A. Die elektrische Leitfähigkeit nimmt mit steigender Temperatur zu.
B. Die Valenz-Elektronen sind im Kristallgitter weitgehend frei beweglich.
C. Metalle besitzen ein niedriges Ionisierungspotential.
D. Metalle haben eine kleine Elektronegativität.
E. Metallgitter sind möglichst dichte Packungen aus Atomrümpfen.

2 Chemische Bindung, Molekülbegriff

2.01   2.1.3   Fragentyp B

Ordnen Sie bitte den Elementen in Liste 1 ihre wichtigste Oxidationszahl aus Liste 2 zu:

<u>Liste 1</u>   <u>Liste 2</u>

1. Al   A. -1
2. Mg   B. 1
                 C. 2
                 D. 3
                 E. 4

2.02   2.1.4   Fragentyp D

Welche der folgenden Aussagen treffen zu?

1) Wasserstoff tritt immer einwertig auf.
2) Wasserstoff tritt auch zweiwertig auf.
3) Wasserstoff ist meist positiv einwertig.
4) Sauerstoff kann 1-, 2- und 3-wertig sein.
5) Sauerstoff ist meist zweiwertig.

Wählen Sie bitte die zutreffende Aussagenkombination.

A. Nur 1 und 5 sind richtig
B. Nur 2 und 4 sind richtig
C. Nur 3 und 4 sind richtig
D. Nur 1, 3 und 5 sind richtig
E. Nur 2, 3 und 5 sind richtig

2.03   2.1.4   Fragentyp D

Welche der folgenden Aussagen treffen zu?

1) Das N-Atom in NH_4^+ ist vierbindig.
2) Das O-Atom in H_3O^+ ist dreibindig.
3) Das P-Atom in H_3PO_4 ist vierbindig.
4) Das N-Atom in NO ist einbindig.
5) Das S-Atom in SO_2 ist zweibindig.

Wählen Sie bitte die zutreffende Aussagenkombination.

A. Nur 1 und 2 sind richtig
B. Nur 4 und 5 sind richtig
C. Nur 1, 3 und 5 sind richtig
D. Nur 2, 3 und 4 sind richtig
E. Alle Aussagen sind richtig

2.04   2.1.4   Fragentyp D

Welche der folgenden Aussagen treffen zu?
Das Kohlenstoffatom in der Verbindung

1) CH_4 ist vierbindig
2) CO_2 ist zweibindig
3) H_2CO_3 ist vierbindig
4) $\cdot CH_3$ ist dreibindig
5) CH_3OH ist fünfbindig

Wählen Sie bitte die zutreffende Aussagenkombination.

A. Nur 1 und 2 sind richtig
B. Nur 4 und 5 sind richtig
C. Nur 1, 3 und 4 sind richtig
D. Nur 2, 3 und 5 sind richtig
E. Alle Aussagen sind richtig

2.05   2.1.4   Fragentyp A

Unter der Bindigkeit eines Atoms in einem Molekül versteht man

A. die Energie einer kovalenten Einfachbindung zwischen einem Atom und einem Bindungspartner
B. die Anzahl der Bindungspartner eines Atoms
C. die Stärke der Bindung zwischen einem Atom und einem Bindungspartner
D. die Anzahl der möglichen oder eingegangenen σ-Bindungen
E. die Anzahl der Bindungen, die ein Atom in einem Molekül ausbildet

2.06   2.1.5   Fragentyp A

Welche Aussage trifft <u>nicht</u> zu?

Die Metallbindung

A. kann mit verschiedenen Bindungsmodellen beschrieben werden
B. ist eine charakteristische Eigenschaft aller Metalle
C. wird mit zunehmender Temperatur schwächer
D. wirkt innerhalb des Metallgitters in alle Raumrichtungen
E. wird durch gemeinsame Elektronenpaare zwischen den Atomrümpfen des Gitters bewirkt

2.07   2.1.5   Fragentyp D

Welche der folgenden Substanzen sind vorwiegend kovalent (homöopolar) gebaut?

1) H_2O 2) NH_3 3) CaF_2

4) CH_3COCH_3 5) C_6H_5Cl

Wählen Sie bitte die zutreffende Aussagenkombination.

A. Nur 1 und 3 sind richtig
B. Nur 2 und 5 sind richtig
C. Nur 3 und 4 sind richtig
D. Nur 3, 4 und 5 sind richtig
E. Nur 1, 2, 4 und 5 sind richtig

2.08 2.1.5 Fragentyp A

In nachfolgend angegebener Strukturformel symbolisiert ein Bindungsstrich zwischen zwei Atomen

$$\begin{array}{c} \text{H} \quad \text{H} \\ | \quad | \\ \text{H}-\text{C}-\text{C}-\text{O}-\text{H} \\ | \quad | \\ \text{H} \quad \text{H} \end{array}$$

A. ein Elektronenpaar
B. den Bindungsabstand
C. ein Bindungselektron
D. den Abstand der Atomkerne
E. die Ausdehnung der Elektronenwolke

2.09 2.1.6 Fragentyp A

Welche Zuordnung trifft nicht zu?

A. Calciumfluorid − CaF
B. Lithiumfluorid − LiF
C. Bariumiodid   − BaI_2
D. Magnesiumbromid − $MgBr_2$
E. Kaliumiodid   − KI

2.10 2.1.6 Fragentyp A

Welche Aussage über eine idealisierte Ionenbindung trifft nicht zu?

A. Es handelt sich um eine ungerichtete elektrostatische Bindung.
B. Sie bildet sich hauptsächlich zwischen Atomen stark unterschiedlicher Elektronegativität aus.
C. Sie wirkt in alle drei Raumrichtungen.
D. Sie kann zum Aufbau eines Raumgitters führen.
E. Sie kommt durch ein gemeinsames Elektronenpaar zustande.

2.11 2.1.6 Fragentyp D

Welche der folgenden Substanzen werden hauptsächlich durch Ionenbindung zusammengehalten?

1) CaF_2
2) HCl-Gas
3) NaCl
4) $BaSO_4$
5) CH_3Cl

Wählen Sie bitte die zutreffende Aussagenkombination.

A. Nur 3 ist richtig
B. Nur 2 und 3 sind richtig
C. Nur 1 und 4 sind richtig
D. Nur 1, 3 und 4 sind richtig
E. Nur 2, 4 und 5 sind richtig

2.12 2.1.6 Fragentyp A

Welche Aussage über ionisch aufgebaute Verbindungen trifft nicht zu?

A. Ihre wäßrige Lösung leitet den elektrischen Strom.
B. Ihre Schmelze leitet den elektrischen Strom.
C. Sie haben einen relativ hohen Schmelzpunkt.
D. Sie werden durch elektrostatische Bindungskräfte zusammengehalten.
E. Die reinen Substanzen sind stets gefärbt.

2.13   2.1.6
        2.1.7   Fragentyp D

Welche der folgenden Substanzen sind überwiegend ionisch gebaut?

1. 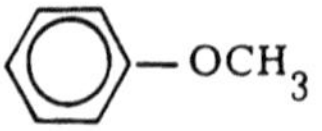 C₆H₅—OCH₃
2. NH_3
3. TiO_2
4. 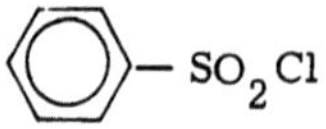 C₆H₅—SO_2Cl
5. Cl_2

Wählen Sie bitte die zutreffende Aussagenkombination.

A. Nur 2 ist richtig
B. Nur 3 ist richtig
C. Nur 1 und 4 sind richtig
D. Nur 3 und 5 sind richtig
E. Nur 1, 2 und 5 sind richtig

2.14   2.1.7
        2.1.8   Fragentyp A

Der Abstand von Bindungspartnern bei Atombindungen beträgt ungefähr

A.   0,01 Å (= 10^{-3} nm)
B.   0,1 Å (= 10^{-2} nm)
C.   1   Å (= 0,1 nm)
D.   10   Å (= 1   nm)
E.   100 Å (= 10 nm)

2.15 2.1.9 Fragentyp D

Welche der nachfolgend aufgeführten Moleküle besitzen einen gewinkelten Bau?

1) NH_3 2) NaCl 3) H_2O
4) HF 5) $BaCl_2$

Wählen Sie bitte die zutreffende Aussagenkombination.

A. Nur 1 und 3 sind richtig
B. Nur 3 und 4 sind richtig
C. Nur 1, 2 und 3 sind richtig
D. Nur 1, 3 und 4 sind richtig
E. Nur 2, 3 und 5 sind richtig

2.16 2.1.9
2.1.11 Fragentyp A

Welche Aussage über das Wassermolekül trifft nicht zu?

A. Das Sauerstoffatom besitzt eine negative Partialladung.
B. Zwischen den Molekülen bilden sich Wasserstoffbrückenbindungen aus.
C. Das Molekül besitzt ein Dipolmoment.
D. Die Wasserstoff-Sauerstoff-Bindungen sind polarisiert.
E. Molekül- und Ladungsschwerpunkt fallen zusammen.

2.17 2.1.10 Fragentyp D

Welche der folgenden Moleküle besitzen freie Elektronenpaare?

1) Ammoniak 2) Fluorwasserstoff 3) Benzol
4) Wasser 5) Methanol

Wählen Sie bitte die zutreffende Aussagenkombination.

A. Nur 3 ist richtig
B. Nur 1, 2 und 5 sind richtig
C. Nur 2, 3 und 4 sind richtig
D. Nur 3, 4 und 5 sind richtig
E. Nur 1, 2, 4 und 5 sind richtig

2.18   2.1.10   Fragentyp D

Welche der folgenden Moleküle besitzen freie Elektronenpaare?

1) Methanol   4) cis-Buten-2
2) Diethylether   5) Essigsäureanhydrid
3) Benzol

Wählen Sie bitte die zutreffende Aussagenkombination.

A. Nur 1 und 2 sind richtig
B. Nur 1 und 5 sind richtig
C. Nur 3 und 4 sind richtig
D. Nur 1, 3 und 4 sind richtig
E. Nur 1, 2 und 5 sind richtig

2.19   2.1.11   Fragentyp A

Welche Aussage über ein Dipolmolekül trifft zu?

A. Es besteht immer aus Atomen derselben Periode.
B. Es muß linear gebaut sein.
C. Es hat eine asymmetrische Ladungsverteilung (polare Atombindungen).
D. Es zerfällt in wäßriger Lösung in Ionen.
E. Es hat eine große Dielektrizitätskonstante.

2.20   2.1.12   Fragentyp A

Welche Aussage trifft zu?

Wasserstoffbrückenbindung nennt man die Bindung

A. im Wasserstoffmolekül
B. zwischen den Wasserstoffatomen und dem Sauerstoffatom im Wassermolekül
C. im H_3O^+-Ion
D. z.B. zwischen Wassermolekülen
E. zwischen Sauerstoff- und Wasserstoffatom in einem Alkoholmolekül

2.21 2.1.13 Fragentyp A

Welche der folgenden Verbindungen bildet mit sich selbst **keine** Wasserstoffbrückenbindungen?

A. C_2H_5OH

B. $CH_3-\underset{\underset{O}{\|}}{C}-CH_2-COOH$

C. $C_2H_5-O-C_2H_5$

D. $HO-CH_2-CH_2-O-CH_2-CH_3$

E. $\underset{NH_2}{CH_2}COOH$

2.22 2.1.12
      2.1.13 Fragentyp A

Welche physikalische Eigenschaft von Verbindungen wird durch Wasserstoffbrückenbindungen **nicht** beeinflußt?

A. Siedepunkt
B. Löslichkeit
C. optische Aktivität
D. Viscosität
E. Verdampfungswärme

2.23 2.2.1 Fragentyp D

Welche der aufgeführten Liganden können als Chelatliganden Verwendung finden?

1) $RCOO^-$ 2) CN^- 3) CO
4) $^-OOC-COO^-$ 5) H_2O

Wählen Sie bitte die zutreffende Aussagenkombination.

A. Nur 1 ist richtig
B. Nur 4 ist richtig
C. Nur 1 und 2 sind richtig
D. Nur 2, 3 und 4 sind richtig
E. Alle Aussagen sind richtig

2.24 2.2.1 Fragentyp B

Ordnen Sie bitte jedem Reaktionstyp in Liste 1 das beste Beispiel einer derartigen Reaktion aus Liste 2 zu:

Liste 1

1) Neutralisationsreaktion
2) Komplexbildungsreaktion

Liste 2

A. $NaCl \xrightarrow{H_2O} Na^+ + Cl^-$
B. $HCl + NH_3 \longrightarrow NH_4Cl$
C. $2\ NO + O_2 \longrightarrow 2\ NO_2$
D. $Ni + Cl_2 \longrightarrow NiCl_2$
E. $Ni + 4\ CO \longrightarrow Ni(CO)_4$

2.25 2.2.1 Fragentyp A

Welche Aussage über die Bindung von Komplexen trifft zu?

A. Die Elektronen stammen je zur Hälfte von den Bindungspartnern.
B. Das bindende Elektronenpaar stammt vom Zentralatom.
C. Das bindende Elektronenpaar stammt jeweils vom Liganden.
D. Die Bindungselektronen sind über den ganzen Komplex delokalisiert.
E. Die Komplexbindung ist nur mit p-Orbitalen möglich.

2.26 2.2.2 Fragentyp D

Welche der nachfolgend aufgeführten Ionen und Moleküle können als Komplexliganden auftreten?

1) NH_3
2) H_2O
3) Cl^-
4) (Pyridin)
5) H_3O^+

Wählen Sie bitte die zutreffende Aussagenkombination.

A. Nur 1 und 2 sind richtig
B. Nur 1, 2 und 4 sind richtig
C. Nur 1, 2 und 5 sind richtig
D. Nur 1, 2, 3 und 4 sind richtig
E. Alle Aussagen sind richtig

2.27   2.2.2   Fragentyp D

Welche der Verbindungen 1-5 enthalten ein Zentralteilchen im Sinne der Komplexchemie?

1) PF_5

2) $[Fe(H_2O)_6]Cl_3$

3) PCl_5

4) $SbCl_5$

5) $P(C_6H_5)_5$

Wählen Sie bitte die zutreffende Aussagenkombination.

A. Nur 5 ist richtig
B. Nur 2 ist richtig
C. Nur 1 und 3 sind richtig
D. Nur 4 und 5 sind richtig
E. Nur 1, 3 und 4 sind richtig

2.28 2.2.2 Fragentyp D

Welche der folgenden Verbindungen sind Chelatkomplexe?

$$\left[\begin{array}{c} H_3N \quad NH_3 \\ Pt \\ H_3N \quad NH_3 \end{array}\right]^{2+}$$

1.

2.

3.

4.

5.

Wählen Sie bitte die zutreffende Aussagenkombination.

A. Nur 2 ist richtig
B. Nur 1 und 5 sind richtig
C. Nur 1, 2 und 4 sind richtig
D. Nur 1, 3 und 5 sind richtig
E. Nur 2, 3 und 4 sind richtig

	2.2.2	
2.29	2.2.3	Fragentyp D

Als Liganden für einen Nickelkomplex mit Ni^{2+} als Zentralteilchen sind denkbar:

1) NH_3
2) H_2O
3) CN^-
4) $NH_2-CH_2-CH_2-NH_2$
5) NH_4^+

Wählen Sie bitte die zutreffende Aussagenkombination.

A. Nur 1 und 2 sind richtig
B. Nur 3 und 5 sind richtig
C. Nur 1, 2 und 4 sind richtig
D. Nur 1, 2, 3 und 4 sind richtig
E. Alle Aussagen sind richtig

	2.2.2	
2.30	2.2.3	Fragentyp A

Welche Aussage trifft zu?
Ein Chelatligand (Chelator)

A. ist meist ein Elektronenpaaracceptor
B. kann maximal vier Koordinationsstellen besetzen
C. muß mindestens zwei freie Elektronenpaare besitzen
D. muß wenigstens zweifach negativ geladen sein
E. bildet nur mit einem neutralen Zentralteilchen Komplexe

	2.2.3	
2.31	2.2.4	Fragentyp C

$C_2O_4^{2-}$ kann als Chelat-Ligand verwendet werden,

weil

$C_2O_4^{2-}$ nur eine Koordinationsstelle besetzt.

2.32　　　　　　　　　　2.2.4　　　　　　　　Fragentyp A

Das Massenwirkungsgesetz ergibt für die Komplexbildungsreaktion

$$[Cu(OH_2)_4]^{2+} + 4\ NH_3 \rightleftharpoons [Cu(NH_3)_4]^{2+} + 4\ H_2O$$

den Quotienten

A. $\dfrac{[[Cu(NH_3)_4]^{2+}][H_2O]^4}{[[Cu(OH_2)_4]^{2+}][NH_3]^4}$

B. $\dfrac{[NH_3]^4[H_2O]^4}{[[Cu(NH_3)_4]^{2+}][[Cu(OH_2)_4]^{2+}]}$

C. $\dfrac{[[Cu(OH_2)_4]^{2+}][NH_3]^4}{[H_2O]^4[[Cu(NH_3)_4]^{2+}]}$

D. $\dfrac{[[Cu(NH_3)_4]^{2+}][NH_3]^4}{[[Cu(OH_2)_4]^{2+}][H_2O]^4}$

E. $\dfrac{[[Cu(NH_3)_4]^{2+}][4\ H_2O]}{[[Cu(OH_2)_4]^{2+}][4\ NH_3]}$

2.33　　　　　　　　　　2.2.4　　　　　　　　Fragentyp A

Das Massenwirkungsgesetz ergibt für die Komplexbildungsreaktion

$$AgBr + 2\ Na_2S_2O_3 \rightleftharpoons [Ag(S_2O_3)_2]^{3-} + 4\ Na^+ + Br^-$$

den Quotienten

A. $\dfrac{[AgBr]\ [Na_2S_2O_3]^2}{[[Ag(S_2O_3)_2]^{3-}]\ [Na^+]^4[Br^-]}$

B. $\dfrac{[[Ag(S_2O_3)_2]^{3-}]\,[Na^+]^4\,[Br^-]}{[AgBr]\,[Na_2S_2O_3]^2}$

C. $\dfrac{[[Ag(S_2O_3)_2]^{3-}]\;4[Na^+]\,[Br^-]}{[AgBr]\cdot 2[Na_2S_2O_3]}$

D. $\dfrac{[AgBr][Na^+]^4\,[Br^-]}{[Na_2S_2O_3]^2\,[[Ag(S_2O_3)_2]^{3-}]}$

E. $\dfrac{[[Ag(S_2O_3)_2]^{3-}][Na_2S_2O_3]^2}{4[Na^+][Br^-]\,[AgBr]}$

2.34   2.2.4   Fragentyp A

Welche Aussage trifft zu?

Unter der Koordinationszahl einer Komplexverbindung versteht man

A. die Ladung des Komplexes
B. die Zahl der Liganden
C. die Zahl der Atome der Liganden
D. die Zahl der Koordinationsstellen, die ein Chelator besetzt
E. die Zahl der Zentralteilchen

2.35   2.2.5   Fragentyp A

Welche Aussage trifft nicht zu?

Das Ausmaß der Solvation eines Ions hängt ab von

A. dem Siedepunkt des Lösungsmittels
B. der Polarität des Lösungsmittels
C. der Temperatur
D. der Größe des Ions
E. der Ladung des Ions

2.36   2.2.5   Fragentyp A

Welche Aussage trifft zu?
Die Anlagerung von Lösungsmittelmolekülen an ein Ion
nennt man

A. Neutralisation
B. Hydration
C. Hydrierung
D. Solvation
E. Hydrolyse

3 Zustandsformen der Materie

3.01 3.1.1 Fragentyp D

Welche der folgenden Systeme sind bei Zimmertemperatur heterogen?

1) Ein Gemisch aus N_2 und NH_3
2) Blut
3) Milch
4) schmelzendes Eis
5) Nebel

Wählen Sie bitte die zutreffende Aussagenkombination.

A. Nur 3 und 4 sind richtig
B. Nur 1, 2 und 5 sind richtig
C. Nur 1, 3 und 4 sind richtig
D. Nur 1, 2, 3 und 4 sind richtig
E. Nur 2, 3, 4 und 5 sind richtig

3.02 3.1.1 Fragentyp A

Unter einer Emulsion versteht man

A. ein Zwei-Phasensystem aus flüssiger und fester Phase
B. ein Zwei-Phasensystem aus flüssiger und gasförmiger Phase
C. ein Ein-Phasensystem aus mehr als zwei Komponenten
D. ein Zwei-Phasensystem aus flüssiger und flüssiger Phase
E. ein Ein-Phasensystem aus höchstens zwei Komponenten

3.03　　　　　　　　　3.1.1　　　　　　　　Fragentyp B

Ordnen Sie bitte jedem der heterogenen Gemische in Liste 1 das beste Beispiel aus Liste 2 zu:

Liste 1　　　　　　　　Liste 2

1) Emulsion　　　　　　A. Milch
2) Aerosol　　　　　　　B. Rauch
　　　　　　　　　　　　C. Wein
　　　　　　　　　　　　D. Granit
　　　　　　　　　　　　E. schmelzendes Eis

3.04　　　　　　　　　3.1.1　　　　　　　　Fragentyp A

Welche Aussage trifft nicht zu?

A. Ein Aerosol enthält eine kolloiddisperse Verteilung eines Feststoffes in einem Gas.
B. Ein Aerosol enthält eine kolloiddisperse Verteilung einer Flüssigkeit in einem Gas.
C. Ein Aerosol enthält eine Flüssigkeit dispergiert in einer damit nicht mischbaren Flüssigkeit
D. Nebel ist ein Beispiel für ein Aerosol
E. Staub ist ein Beispiel für ein Aerosol

3.05　　　　　　　　　3.1.2　　　　　　　　Fragentyp D

Welche Aussagen treffen zu?

Bei kristallisierten Stoffen

1) bestimmt das Raumgitter die äußere Gestalt
2) bestimmt das Raumgitter die physikalischen Eigenschaften
3) bricht beim Schmelzen das Raumgitter zusammen
4) ist das Raumgitter nur aus Ionen aufgebaut

Wählen Sie bitte die zutreffende Aussagenkombination.

A. Nur 1 ist richtig
B. Nur 4 ist richtig
C. Nur 2 und 4 sind richtig

D. Nur 1, 2 und 3 sind richtig

E. Alle Aussagen sind richtig

3.06 3.1.2 Fragentyp A

Welche Aussage trifft nicht zu?
Die Reinheit von Substanzen kann kontrolliert werden durch

A. den Schmelzpunkt
B. den Siedepunkt
C. den Brechungsindex
D. das IR-Spektrum
E. den kolloid-osmotischen Druck

3.07 3.1.2 Fragentyp A

Welcher der genannten Stoffe ist als Reinsubstanz zu bezeichnen?

A. Wasser
B. Milch
C. Nebel
D. Staub
E. Blut

3.08 3.1.2 Fragentyp A

Bei welchem der folgenden Beispiele handelt es sich um ein Substanzgemisch?

A. Luft
B. Wasser
C. Essigester
D. Ammoniakgas
E. Benzol

3.09   3.1.3   Fragentyp A

Welche Antwort trifft zu?
Mit dem Lambert-Beerschen Gesetz berechnet man

A. die Konzentration einer Lösung
B. die optische Dichte einer Flüssigkeit
C. den Brechungsindex einer Flüssigkeit
D. den Verteilungskoeffizienten einer Mischung
E. das spezifische Gewicht einer Flüssigkeit

3.10   3.1.4   Fragentyp C

Die Molextinktion ist von der Wellenlänge des eingestrahlten Lichts abhängig,

weil

die Extinktion einer Probenlösung als Absorptionsintensität der Probe bei einer bestimmten Wellenlänge definiert ist.

3.11   3.1.4   Fragentyp A

Welches der Bauelemente A-E ist nicht Bestandteil eines Spektralphotometers?

A. Lichtquelle
B. Monochromator
C. Küvette
D. Dialysator
E. Empfänger

3.12   3.1.4   Fragentyp A

Welche Antwort trifft zu?
Die Absorption von ultraviolettem und sichtbarem Licht beruht auf

A. der Bildung von Zersetzungsprodukten
B. der Anregung von Elektronen
C. der Anregung von Molekülschwingungen
D. der Änderung des Dipolmoments von Bindungen
E. der Abtrennung von Elektronen

3.13 3.1.4 Fragentyp A

Die richtige Reihenfolge der Anordnung der Bauelemente eines Spektralphotometers ist

A. Lichtquelle - Küvetten - Empfänger - Monochromator
B. Lichtquelle - Küvetten - Monochromator - Empfänger
C. Lichtquelle - Monochromator - Küvetten - Empfänger
D. Lichtquelle - Empfänger - Küvetten - Monochromator
E. Keine der genannten Reihenfolgen ist richtig

3.14 3.1.4 Fragentyp A

Welche Aussage trifft zu?
Die Absorption von infrarotem Licht beruht auf

A. der Abtrennung von Elektronen
B. der Anregung von Molekülschwingungen
C. der Zersetzung des adsorbierenden Moleküls
D. der Anregung von π-Elektronen
E. der Anregung von einsamen Elektronen

3.15 3.1.4 Fragentyp A

Berechnen Sie bitte den molaren Extinktionskoeffizienten einer Substanz, deren 0,1 molare Lösung bei 1 cm Schichtdicke eine Extinktion von 1 ergibt ($E = \varepsilon \cdot c \cdot d$)

A. 0,02   D. 2
B. 0,1   E. 10
C. 1

4 Reaktionen der Stoffe

4.01   4.1.1   Fragentyp A

Welche der folgenden Substanzen ist ein starker Elektrolyt?

A. CH_3CH_2-COOH

B. HNO_3

C. NH_3

D. H_2O

E. CH_3OCH_3

4.02   4.1.1   Fragentyp C

$BaSO_4$ ist wie alle schwerlöslichen Salze ein schwacher Elektrolyt,
<u>weil</u>

$BaSO_4$ im Gegensatz zu den Alkalihalogeniden in Wasser nur wenig löslich ist.

4.03   4.1.1   Fragentyp A

Welche der folgenden Substanzen ist ein schwacher Elektrolyt?

A. CH_3COCH_3

B. 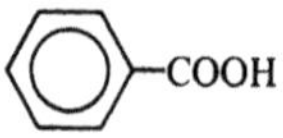 ⌬—COOH

C. CCl_3COOH

D. $CH_3CH_2-O-CH_2CH_3$
E. CCl_4

4.04　　　　　　　4.1.1　　　　　　Fragentyp A

Welche der folgenden Substanzen ist ein schwacher Elektrolyt?

A. KOH
B. H_2SO_4
C. CH_3COOH
D. HCl
E. NaCl

4.05　　　　　　　4.1.2　　　　　　Fragentyp A

Welche Aussage trifft nicht zu?
Die Löslichkeit eines Salzes in Wasser hängt ab von

A. der Konzentration bereits gelöster Substanz
B. der Temperatur
C. einem unlöslichen Bodenkörper
D. der Gitterenergie
E. der Hydrationsenthalpie

4.06　　　　　　　4.1.2　　　　　　Fragentyp A

Unter elektrolytischer Dissoziation versteht man

A. die Beweglichkeit von Atomen auf ihren Gitterplätzen
B. die Abscheidung von Elektrolytsubstanzen durch Anlegen einer Gleichspannung
C. die Bildung von Ionen durch Anlegen einer Spannung
D. den Zerfall von heteropolaren Verbindungen in Ionen
E. die Anlagerung von Wassermolekülen an Ionen

4.07	4.1.3	Fragentyp A

Welche Aussage trifft nicht zu?

A. Kohlensäure ist ein zweistufig dissoziierender Elektrolyt.
B. Propionsäure ist ein starker, einstufig dissoziierender Elektrolyt.
C. Magnesiumbromid ist ein starker Elektrolyt.
D. 1 N Schwefelsäure ist ein starker Elektrolyt.
E. iso-Buttersäure ist ein schwacher Elektrolyt.

4.08	4.1.3 4.1.4	Fragentyp A

Welche Zuordnung ist nicht richtig?

A. HNO_2 – Salpetersäure
B. $H_4P_2O_7$ – Pyrophosphorsäure
C. H_3PO_4 – Orthophosphorsäure
D. NaH_2PO_4 – Natriumdihydrogenphosphat
E. NH_4Cl – Ammoniumchlorid

4.09	4.1.4	Fragentyp B

Ordnen Sie bitte den Bezeichnungen in Liste 1 die entsprechenden Beispiele aus Liste 2 zu:

Liste 1

1) Kation
2) Säure

Liste 2

A. HCHO
B. NH_4^+
C. Cl^-
D. $(CH_3)_2NH$
E. NO

4.10 4.1.4 Fragentyp D

Welche der Verbindungen 1-5 können als mehrstufig dissoziierende Elektrolyte auftreten?

1) H_3PO_4

2) H_2S

3) K_2SO_4

4) H_2CO_3

5) $BaCl_2$

Wählen Sie bitte die zutreffende Aussagenkombination.

A. Nur 4 ist richtig

B. Nur 2 und 4 sind richtig

C. Nur 1, 2 und 3 sind richtig

D. Nur 1, 2 und 4 sind richtig

E. Alle Aussagen sind richtig

4.11 4.1.4
5.1.14 Fragentyp B

Von der dreistufig dissoziierenden Orthophosphorsäure können die beiden ersten Dissoziationsstufen durch Säure-Base-Titration mit Farbindikatoren bestimmt werden. Welcher Indikator (Liste 2) ist für die jeweilige Stufe (Liste 1) am besten geeignet?

Liste 1

1) 1. Stufe (pK_s = 1,96), Äquivalenzpunkt etwa pH 4,4

2) 2. Stufe (pK_s = 7,21), Äquivalenzpunkt etwa pH 9,6

Liste 2

A. Metanilgelb pK_{sHIn} = 1,53

B. Bromthymolblau pK_{sHIn} = 3,98

C. Methylrot pK_{sHIn} = 5,8

D. Bromthymolblau pK_{sHIn} = 7,0

E. Phenolphthalein pK_{sHIn} = 10,0

4.12   4.1.5
            4.1.6   Fragentyp B

Ordnen Sie bitte jedem der in Liste 1 aufgeführten Reaktionstypen die am besten geeignete Reaktionsgleichung aus Liste 2 zu:

Liste 1

1) Reduktionsreaktion
2) Oxidationsreaktion

Liste 2

A. $NaOH + HCl \longrightarrow NaCl + H_2O$

B. $R-X \longrightarrow R\cdot + X\cdot$

C. $2\,Na + Cl_2 \longrightarrow 2\,Cl^- + 2\,Na^+$

D. $BaSO_4 \longrightarrow Ba^{2+} + SO_4^{2-}$

E. $CO_2 + H_2O \longrightarrow H_2CO_3$

4.13   4.1.5   Fragentyp A

Welche Aussage trifft zu?

Wird ein Stoff bei einer chemischen Umsetzung reduziert, dann

A. heißt er Reduktionsmittel
B. nimmt er Elektronen auf
C. handelt es sich um einen Sauerstoffdonator
D. verliert er immer Wasserstoff
E. wird das Reduktionsprodukt als Hydrid bezeichnet

4.14   4.1.5   Fragentyp A

In den folgenden Verbindungen sind für bestimmte Atome Oxidationszahlen angegeben worden. Welche Zuordnung trifft zu?

A. $\overset{+5}{H}NO_3$ B. $Na\overset{+2}{H}CO_3$

$\overset{+2}{\text{C. FeCl}_3}$ $\overset{+2}{\text{D. SiO}_2}$

$\overset{+4}{\text{E. Al}_2\text{O}_3}$

4.15   4.1.5
        4.1.6   Fragentyp D

Welche der folgenden Aussagen über die Oxidationszahl treffen zu?

1) Die Oxidationszahl eines Atoms im elementaren Zustand ist Null.
2) Die Oxidationszahl eines einatomigen Ions entspricht seiner Ladung.
3) Die Oxidationszahl eines neutralen Atoms ist die Differenz aus der Zahl der Neutronen und der Elektronen.
4) Die Summe der Oxidationszahlen der Atome eines Ions entspricht seiner Ladung.

Wählen Sie bitte die zutreffende Aussagenkombination.

A. Nur 1 ist richtig

B. Nur 2 und 3 sind richtig

C. Nur 1 und 4 sind richtig

D. Nur 1, 2 und 4 sind richtig

E. Alle Aussagen sind richtig

4.16   4.1.5
        4.1.6   Fragentyp A

In den folgenden Verbindungen sind für bestimmte Atome Oxidationszahlen angegeben worden.

Welche Zuordnung trifft zu?

$\overset{+6}{\text{A. H}_2\text{SO}_4}$ $\overset{+7}{\text{D. H}_3\text{PO}_4}$

$\overset{+3}{\text{B. NH}_4\text{Cl}}$ $\overset{+1}{\text{E. NaCl}}$

$\overset{-1}{\text{C. H}_2\text{S}}$

4.17 4.1.6 Fragentyp A

Welche Aussage trifft <u>nicht</u> zu?
Die Tollensreaktion zum Nachweis von Aldehyden läßt sich folgendermaßen darstellen:

$CH_3CHO + 2[Ag(NH_3)_2]^{\oplus} + 2\ OH^{\ominus} \longrightarrow CH_3COOH + 2\ Ag + H_2O + 2\ NH_3$

Dabei

A. wirkt Ag^+ als Oxidationsmittel

B. wird Acetaldehyd oxidiert

C. ändert das C-Atom der Carbonylgruppe seine Oxidationszahl

D. werden 2 Elektronen vom Acetaldehyd auf die OH^--Gruppe übertragen

E. stimmt die Stöchiometrie der angegebenen Gleichung nicht

4.18 4.1.8 Fragentyp A

Welche Aussage trifft zu?
Alle Broensted-Säuren sind

A. starke Elektrolyte

B. erst ab pH $\leq$ 6 stabil

C. Protonendonatoren

D. mehrstufig dissoziierende Elektrolyte

E. Elektronendonatoren

4.19 4.1.8 Fragentyp A

Welche Aussage trifft zu?
Eine Broensted-Base ist eine Substanz,

A. die nur als Salz existenzfähig ist

B. die Protonen aufnimmt

C. die Elektronen aufnimmt

D. die mindestens zweistufig dissoziiert

E. die in wäßriger Lösung immer vollständig dissoziiert ist

4.20　　　　　　　　　4.1.8　　　　　　　　Fragentyp D

Bei welchen der angegebenen Teilchen handelt es sich um eine Broensted-Base?

1) $NH_4^{\oplus}$

2) NH_3

3) $^{\ominus}|\underline{O}\text{-}CH_2\text{-}CH_3$

4) H_2O

5) BF_3

Wählen Sie bitte die zutreffende Aussagenkombination.

A. Nur 3 und 4 sind richtig
B. Nur 2 und 4 sind richtig
C. Nur 3, 4 und 5 sind richtig
D. Nur 2, 3 und 4 sind richtig
E. Alle Aussagen sind richtig

4.21　　　　　　　　　4.1.9　　　　　　　　Fragentyp A

Welche der folgenden Reaktionsgleichungen ist stöchiometrisch richtig?

A. $Ca(OH)_2 + H_3PO_4 \longrightarrow Ca_3(PO_4)_2 + 6\ H_2O$
B. $3\ Ca(OH)_2 + 2\ H_3PO_4 \longrightarrow Ca_3(PO_4)_2 + 4\ H_2O$
C. $3\ Ca(OH)_2 + 2\ H_3PO_4 \longrightarrow Ca_3(PO_4)_2 + 2\ H_2O$
D. $3\ Ca(OH)_2 + 2\ H_3PO_4 \longrightarrow Ca_3(PO_4)_2 + 6\ H_2O$
E. $3\ Ca(OH)_2 + H_3PO_4 \longrightarrow Ca_3(PO_4)_2 + H_2O$

| 4.22 | 4.1.10 | Fragentyp A |

Wieviel Wasserstoffgas braucht man, um nach der Gleichung

$$H_2 + \frac{1}{2} O_2 \longrightarrow H_2O$$

11,2 Liter Wasserdampf zu erzeugen?
(Atommassen: H = 1; O = 16; Molvolumen: 22,4 $l \cdot mol^{-1}$)

A. $\frac{18}{22,4}$ g H_2
B. 0,5 g H_2
C. 1 g H_2
D. 1 l H_2
E. 2 mol H_2

| 4.23 | 4.1.10 | Fragentyp A |

Welche Aussage trifft zu?
Um nach der Reaktionsgleichung $3 H_2 + N_2 \rightleftharpoons 2 NH_3$
72 g NH_3 zu erzeugen, müssen miteinander reagieren

(Atommassen: N = 14; H = 1)

A. 8,0 g H_2 und 42,0 g N_2
B. 12,7 g H_2 und 46,0 g N_2
C. 12,7 g H_2 und 59,3 g N_2
D. 24,0 g H_2 und 68,0 g N_2
E. 44,8 g H_2 und 22,4 g N_2

| 4.24 | 4.1.10 | Fragentyp B |

Ordnen Sie bitte den Verbindungen in Liste 1 die richtige Molekülmasse aus Liste 2 zu:

Liste 1

1) H_2O
2) H_2O_2

Liste 2

A. 9
B. 18
C. 34
D. 36
E. 68

(Atommassen: H = 1, O = 16)

4.25   4.1.10   Fragentyp A

Welche Angabe trifft zu?
Wieviel ml 1 N HCl braucht man zur Neutralisation von
28 g KOH?

A. 100 ml   D. 750 ml
B. 250 ml   E. 1000 ml
C. 500 ml

(Atommassen: H = 1, O = 16, Cl = 35, K = 39)

4.26   4.1.10   Fragentyp A

Eine Substanz mit der Elementarzusammensetzung 50,05%
Schwefel und 49,95% Sauerstoff hat als einfachste Formel

	Atomverhältnis
A. SO	1:1
B. SO_2	1:2
C. SO_3	1:3
D. S_2O_3	2:3
E. S_4O_6	2:3

(Atommassen: O = 16, S = 32)

4.27   4.1.10   Fragentyp A

Wie groß ist die theoretische Ausbeute an Wasser bei der
Umsetzung von Wasserstoff und Sauerstoff nach der
Gleichung:

$$2 H_2 + O_2 \longrightarrow 2 H_2O$$

wenn 8 g Wasserstoffgas umgesetzt werden (bei Überschuß
an Sauerstoff)?

(Atommassen: H = 1, O = 16)

A. 21 g   D. 68 g
B. 27 g   E. 72 g
C. 32 g

4.28   4.1.11   Fragentyp D

Prüfen Sie bitte die folgenden Aussagen über das Normalpotential.

1) Normalpotentiale von Redoxpaaren werden mit der Normalwasserstoffelektrode unter Standardbedingungen gemessen.
2) Normalpotentiale haben das gleiche Vorzeichen, jedoch verschieden große Absolutwerte.
3) Das Normalpotential eines Redoxpaares charakterisiert sein Reduktions- bzw. Oxidationsvermögen in wäßriger Lösung.
4) Das Normalpotential 0 wird gegen eine Platinelektrode gemessen.
5) Die unedlen Leichtmetalle haben positive Normalpotentiale.

Wählen Sie bitte die zutreffende Aussagenkombination.

A. Nur 1 ist richtig
B. Nur 1 und 3 sind richtig
C. Nur 2 und 4 sind richtig
D. Nur 3 und 4 sind richtig
E. Nur 2, 3 und 5 sind richtig

4.29   4.1.11   Fragentyp C

Wird ein Eisenblech in eine Kupfersulfatlösung getaucht, so überzieht es sich mit einer Kupferschicht,

weil

Eisen ein positiveres Normalpotential als Kupfer hat.

4.30   4.1.11   Fragentyp A

Berechnen Sie bitte das Potential E des Redoxpaares H_2/H_3O^+ bei pH 7 mit Hilfe der modifizierten Nernstschen Gleichung $E = E^O + 0,06 \cdot \lg[H_3O^+]$.

A. −1,50 V
B. −0,42 V
C. −0,33 V
D. + 0,42 V
E. + 1,50 V

4.31 4.1.11 Fragentyp A

Wie groß ist das Normalpotential einer Normalwasserstoffelektrode?

A. − 0,33 V
B. − 0,50 V
C. − 1,00 V
D.   0,00 V
E. + 1,00 V

4.32 4.1.12 Fragentyp A

Die Änderung der Freien Enthalpie bei der Reaktion

$$Cu^{2+} + Zn \longrightarrow Zn^{2+} + Cu$$

beträgt −212 kJ (= −50,6 kcal). Daraus errechnet sich die EMK der entsprechenden Zelle zu (F = 23 kcal·V^{-1})

A. −2,2 V   D. +1,1 V
B. −1,1 V   E. +2,2 V
C. −0,5 V

4.33 4.1.12 Fragentyp A

Welche der nachfolgenden Reaktionsgleichungen geben den Reaktionsverlauf zwischen den Redoxpaaren Zn/Zn^{2+} und Fe/Fe^{2+} richtig wieder?

($E°_{Zn/Zn^{2+}}$ = − 0,76 V; $E°_{Fe/Fe^{2+}}$ = − 0,44 V)

A. $Fe^{2+} + Zn^{2+} \longrightarrow \overset{o}{Fe} + \overset{o}{Zn}$

B. $Fe^{2+} + \overset{o}{Zn} \longrightarrow Fe^{2+} + Zn^{2+}$

C. $Zn^{2+} + \overset{o}{Fe} \longrightarrow Fe^{2+} + \overset{o}{Zn}$

D. $Fe^{2+} + \overset{o}{Zn} \longrightarrow \overset{o}{Fe} + Zn^{2+}$

E. Keine der angegebenen Gleichungen trifft zu.

4.34   4.1.12   Fragentyp A

Welche der nachstehenden Reaktionsgleichungen gibt den Reaktionsablauf zwischen den Redoxpaaren Cu/Cu^{2+}(1-molar) und Fe/Fe^{2+}(1-molar) richtig wieder?

($E^o_{Cu/Cu^{2+}}$ = 0,35 V; $E^o_{Fe/Fe^{2+}}$ = -0,44 V)

A. $Fe^{2+} + Cu^o \longrightarrow Fe^o + Cu^{2+}$

B. $Fe^{2+} + Cu^o \longrightarrow Fe^{2+} + Cu^{2+}$

C. $Fe^{2+} + Cu^{2+} \longrightarrow Fe^o + Cu^o$

D. $Fe^o + Cu^{2+} \longrightarrow Fe^{2+} + Cu^o$

E. Keine der angegebenen Gleichungen trifft zu.

4.35   4.1.12   Fragentyp A

Welchen Zahlenwert erhält man für das Potential E des Redoxpaares Fe/Fe^{2+}(0,1 m) mit Hilfe der Nernstschen Gleichung

$$E = E^o + \frac{0,06}{n} \lg \frac{[Ox]}{[Red]} \ ?$$

($E^o_{Fe/Fe^{2+}}$ = -0,44 V)

A. - 0,50 V

B. - 0,47 V

C. - 0,41 V

D. - 0,38 V

E.   0,00 V

5 Homogene Gleichgewichte

5.01   5.1.1   Fragentyp A

Welche Zuordnung trifft zu?

A. Molarität — Anzahl mol in einem Liter Lösung
B. Normalität — Grammäquivalente (val) in einem Liter Lösungsmittel
C. Volumenprozent — ml gelöster Stoff in 1000 ml Lösung
D. Gewichtsprozent — g gelöster Stoff in 1000 g Lösung
E. Molalität — Anzahl mol in einem Liter Lösungsmittel

5.02   5.1.1   Fragentyp A

Wieviel g CH_3COONa braucht man zur Herstellung von 1 l einer 0,3 N CH_3COONa-Lösung?

A. 12,3 g   D. 32,8 g
B. 20,3 g   E. 49,2 g
C. 24,6 g

(Atommassen: O = 16, Na = 23, H = 1, C = 12)

5.03   5.1.1   Fragentyp A

Welche Zuordnung trifft nicht zu?

A. Normalität — Grammäquivalente in 1 l Lösung
B. Molarität — Anzahl mol in 1 l Lösung
C. Gewichtsprozent — g gelöster Stoff in 100 g Lösung
D. Volumenprozent — ml gelöster Stoff in 1 l Lösung
E. Molalität — Anzahl mol in 1000 g Lösungsmittel

5.04   5.1.1   Fragentyp A

Welche Antwort trifft nicht zu?
Eine 0,1 molare Schwefelsäurelösung

A. ist 0,1 normal
B. enthält 0,2 val/Liter
C. enthält etwa 1% H_2SO_4
D. enthält etwa 10 g H_2SO_4/Liter
E. kann mit 1 N NaOH neutralisiert werden

(Atommassen: H = 1, O = 16, S = 32)

5.05   5.1.1   Fragentyp A

Welche Aussage trifft zu?
100 ml einer wäßrigen Lösung, die 3,65 g HCl enthält, ist

A. 0,1 molar
B. 0,1 normal
C. 1 molal
D. 1 molar
E. Keine der Angaben ist richtig

5.06   5.1.1   Fragentyp B

Ordnen Sie bitte jedem der in Liste 1 genannten Konzentrationsmaße die richtige Difinition aus Liste 2 zu:

Liste 1

1) Gewichtsprozent
2) Volumenprozent

Liste 2

A. Milliliter gelöster Stoff in 1 Liter Lösung
B. Milliliter gelöster Stoff in 1 Liter Lösungsmittel
C. Milliliter gelöster Stoff in 100 ml Lösung
D. Gramm gelöster Stoff in 100 g Lösung
E. Gramm gelöster Stoff in 100 g Lösungsmittel

5.07   5.1.1   Fragentyp A

Wieviel ml einer 10%-igen NaCl-Lösung (Dichte 1 $g \cdot cm^{-3}$) muß man zur Herstellung einer 0,1 molaren NaCl-Lösung auf 1 Liter Lösung verdünnen?

(Molekularmasse von NaCl: 58 g)

A. 15 ml   D. 72 ml
B. 29 ml   E. 115 ml
C. 58 ml

5.08   5.1.2   Fragentyp D

Für ein Reaktionssystem im stationären Zustand (Fließgleichgewicht) gilt:

1) Die Gesamtreaktionsgeschwindigkeit ist Null.
2) Die Gesamtreaktionsgeschwindigkeit hat einen endlichen Wert.
3) Die Gesamtreaktionsgeschwindigkeit ist konstant.
4) Die Konzentrationen der Reaktionsteilnehmer sind konstant.
5) Die Konzentrationen der Reaktionsteilnehmer variieren.

Wählen Sie bitte die zutreffende Aussagenkombination.

A. Nur 1 und 3 sind richtig
B. Nur 1 und 4 sind richtig
C. Nur 2 und 5 sind richtig
D. Nur 2, 3 und 4 sind richtig
E. Nur 2, 3 und 5 sind richtig

5.09   5.1.2   Fragentyp D

Welche Aussagen über offene Systeme treffen zu?

1) Sie tauschen mit der Umgebung Energie aus.
2) Sie tauschen mit der Umgebung Materie aus.
3) Der 1. und 2. Hauptsatz der Thermodynamik gelten nicht für offene Systeme.
4) In einem offenen System kann sich ein stationärer Zustand (Fließgleichgewicht) ausbilden.

Wählen Sie bitte die zutreffende Aussagenkombination.

A. Nur 1 ist richtig
B. Nur 3 ist richtig
C. Nur 1, 2 und 3 sind richtig
D. Nur 1, 2 und 4 sind richtig
E. Alle Aussagen sind richtig

5.10	5.1.2	Fragentyp A

Welche Aussage über stationäre Zustände (Fließgleichgewichte) trifft nicht zu?

A. Sie besitzen eine endliche Gesamtreaktionsgeschwindigkeit.
B. Die Konzentrationen der Reaktionspartner sind konstant.
C. Sie unterscheiden sich grundsätzlich vom chemischen Gleichgewichtszustand.
D. Sie lassen sich nur in geschlossenen Systemen aufrechterhalten.
E. Sie besitzen eine konstante Gesamtreaktionsgeschwindigkeit.

5.11	5.1.2	Fragentyp C

Die lebende Zelle kann als ein offenes System betrachtet werden,

weil

in der Zelle eine von der Aktivität der Enzyme abhängige konstante Konzentration an zugeführten Substanzen und Reaktionsprodukten aufrecht erhalten wird.

5.12	5.1.2 7.1.11	Fragentyp A

Welche Aussage trifft nicht zu?

Für reversibel und isotherm geführte Reaktionen in einem geschlossenen System gilt:

A. Die Entropie S ist eine Zustandsfunktion.
B. ΔS ist gleich der mit der Umgebung ausgetauschten Wärmemenge dividiert durch die Reaktionstemperatur (in K).
C. ΔS ist gleich dem Produkt aus der mit der Umgebung ausgetauschten Arbeit und der Reaktionstemperatur (in K).
D. ΔG ist gleich der Differenz zwischen ΔH und $T \cdot \Delta S$.
E. ΔH ist gleich der Summe aus ΔG und $T \cdot \Delta S$.

5.13   5.1.3   Fragentyp A

Ein Reaktionssystem befindet sich dann in chemischem Gleichgewicht, wenn

A. in der Zeiteinheit gleichviele Produkte entstehen, wie wieder in die Edukte zerfallen
B. die Reaktionspartner zu Ende reagiert haben
C. die Reaktionsgeschwindigkeit der "Hin"- und "Rück"-Reaktion Null ist
D. die Reaktionsprodukte stabil sind
E. die Geschwindigkeit bei der Rückreaktion Null ist

5.14   5.1.3   Fragentyp D

Befindet sich eine Reaktion im chemischen Gleichgewicht, so sind folgende Aussagen richtig:

1) Die Konzentrationen der Reaktionspartner sind konstant
2) Die Konzentrationen der Reaktionspartner ändern sich fortwährend.
3) Die Gesamtreaktionsgeschwindigkeit ist Null.
4) Die Gesamtreaktionsgeschwindigkeit ist immer größer Null.
5) Hin- und Rückreaktion haben unterschiedliche Geschwindigkeit.

Wählen Sie bitte die zutreffende Aussagenkombination.

A. Nur 1 ist richtig
B. Nur 1 und 3 sind richtig
C. Nur 2 und 4 sind richtig
D. Nur 2 und 5 sind richtig
E. Nur 3 und 5 sind richtig

5.15   5.1.3   Fragentyp A

Die Anwendung des Massenwirkungsgesetzes auf die erste Dissoziationsstufe der Orthophosphorsäure ergibt für die Gleichgewichtskonstante den Ausdruck

A. $K = \dfrac{[H_2PO_4^{\ominus}][H^{\oplus}]}{[H_3PO_4]}$ B. $K = \dfrac{[H_3PO_4][H^{\oplus}]}{[H_2PO_4^{\ominus}]}$

C. $K = \dfrac{[H_3PO_4]}{[H^{\oplus}][H_2PO_4^{\ominus}]}$ \qquad D. $K = \dfrac{[H_2PO_4^{\ominus}]}{[H^{\oplus}][H_3PO_4]}$

E. $K = \dfrac{[H_2PO_4^{\ominus}]}{[H_3PO_4]}$

5.16 \qquad\qquad 5.1.3 \qquad\qquad Fragentyp A

Welche Antwort trifft zu?

Die Anwendung des Massenwirkungsgesetzes auf die Knallgasreaktion $2\,H_2 + O_2 \longrightarrow 2\,H_2O$ ergibt für die Gleichgewichtskonstante den Ausdruck

A. $\dfrac{[H_2]^2[O_2]}{[H_2O]^2} = K_c$

B. $\dfrac{[H_2O]^2[O_2]}{[H_2]^2} = K_c$

C. $\dfrac{[H_2][O_2]}{[H_2O]} = K_c$

D. $\dfrac{[H_2O]^2}{[H_2]^2[O_2]} = K_c$

E. $\dfrac{2[H_2][O_2]}{2[H_2O]} = K_c$

5.17 5.1.3 Fragentyp D

Die Reaktion $A + B \rightleftharpoons C$ befinde sich bei gegebener Temperatur im Gleichgewicht. Welche Auswirkungen hat eine Erhöhung der Konzentration von A?

1) Die Konzentration an B nimmt ab.
2) Die Konzentration an C nimmt zu.
3) Das Gleichgewicht verschiebt sich nach rechts.
4) Das Gleichgewicht verschiebt sich nach links.

Wählen Sie bitte die zutreffende Aussagenkombination.

A. Nur 1 ist richtig
B. Nur 2 ist richtig
C. Nur 1 und 3 sind richtig
D. Nur 2 und 4 sind richtig
E. Nur 1, 2 und 3 sind richtig

5.18 5.1.3 Fragentyp A

Welche Antwort trifft zu?

Die Ammoniakdarstellung nach Haber-Bosch verläuft nach der Gleichung $3 H_2 + N_2 \rightleftharpoons 2 NH_3$. Für die Gleichgewichtskonstante folgt daraus

A. $\dfrac{p_{NH_3}^2}{p_{H_2}^3 \cdot p_{N_2}} = K_p$

B. $\dfrac{2 p_{NH_3}}{3 p_{H_2} \cdot p_{N_2}} = K_p$

C. $\dfrac{p_{H_2}^3 \cdot p_{N_2}}{p_{NH_3}^2} = K_p$

D. $p_{H_2} \cdot p_{NH_3}^2 = K_p$

E. $K_p \cdot p_{NH_3}^2 = p_{H_2}^3 \cdot p_{N_2}$

5.19   5.1.3   Fragentyp A

Welche Aussage trifft zu?
Befindet sich eine exotherme Reaktion im chemischen Gleichgewicht, so bewirkt äußere Energiezufuhr

A. eine Verschiebung des Gleichgewichts in Richtung der Produkte
B. eine Verschiebung des Gleichgewichts in Richtung der Ausgangsstoffe
C. eine Erhöhung der Reaktionsenthalpie
D. keine Veränderung der Gleichgewichtslage der Reaktion
E. eine Erniedrigung der Reaktionsenthalpie

5.20   5.1.3   Fragentyp A

Für die nachstehende Gesamtreaktion folgt aufgrund der Einzelreaktionen (a) und (b) für die Gleichgewichtskonstante (K_c)

$$2\ NO + O_2 + 2\ SO_2 \longrightarrow 2\ SO_3 + 2\ NO$$

(a) $2\ NO + O_2 \longrightarrow 2\ NO_2$
(b) $2\ SO_2 + 2\ NO_2 \longrightarrow 2\ SO_3 + 2\ NO$

A. $\dfrac{[SO_3]^2}{[O_2][SO_2]^2} = K_c$

B. $\dfrac{[O_2][SO_2]^2}{[SO_3]^2} = K_c$

C. $\dfrac{[O_2][SO_3]^2}{[SO_2]^2} = K_c$

D. $\dfrac{[O_2][SO_3]^2}{[SO_2]^2[NO_2]^2} = K_c$

E. $\dfrac{[O_2][SO_3]^2}{[NO]^2[SO_2]^2} = K_c$

5.21   5.1.4   Fragentyp A

Welche Aussage trifft <u>nicht</u> zu?
Für gekoppelte Reaktionen gilt:

A. Die Änderungen der freien Enthalpien addieren sich zu einem Gesamtbetrag.
B. Die Reaktionsenthalpien addieren sich zu einem Gesamtbetrag.
C. Für jede Teilreaktion kann man eine eigene Reaktionsgleichung aufstellen.
D. Das Produkt der Gleichgewichtskonstanten der Teilreaktionen ist gleich der Gleichgewichtskonstanten der Gesamtreaktion.
E. Die Summe der Gleichgewichtskonstanten der Teilreaktion ist gleich der Geschwindigkeitskonstanten der Gesamtreaktion.

5.22   5.1.5   Fragentyp C

In konzentrierten Lösungen müssen anstelle der Konzentrationen die Aktivitäten in das MWG eingesetzt werden,

weil

die Aktivität als "Konzentration·Aktivitätskoeffizient" definiert ist.

5.23   5.1.5   Fragentyp A

Welche Aussage ist richtig?
Unter der "Aktivität" einer Substanz versteht man

A. die Konzentration der Substanz
B. die Energie, die man braucht, um die Substanz umzusetzen
C. die Energie, die bei der Solvation frei wird
D. das Produkt aus Konzentration und Aktivitätskoeffizient
E. das Reaktionsverhalten der Substanz

5.24 5.1.5 6.1.3 Fragentyp D

Die Teilchen eines idealen Gases unterscheiden sich von den Teilchen eines realen Gases dadurch, daß sie

1) keine Wechselwirkung untereinander besitzen
2) kein Eigenvolumen besitzen
3) ein definiertes Volumen besitzen
4) als Massenpunkte definiert sind

Wählen Sie bitte die zutreffende Aussagenkombination.

A. Nur 1 ist richtig
B. Nur 4 ist richtig
C. Nur 1 und 3 sind richtig
D. Nur 3 und 4 sind richtig
E. Nur 1, 2 und 4 sind richtig

5.25 5.1.7 Fragentyp B

Ordnen Sie bitte den Begriffen in Liste 1 die richtige Definition aus Liste 2 zu.

Liste 1

1) pH-Wert
2) pK_s-Wert

Liste 2

A. Negativer dekadischer Logarithmus der OH^--Ionenkonzentration
B. Negativer dekadischer Logarithmus der H^+-Ionenkonzentration
C. Negativer dekadischer Logarithmus der Säurekonstante.
D. Negativer dekadischer Logarithmus der Konstante für das Ionenprodukt des Wassers
E. Negativer natürlicher Logarithmus der H^+-Ionenkonzentration

5.26   5.1.7   Fragentyp A

Welcher Wasserstoffionenkonzentration (in $mol \cdot l^{-1}$) entspricht der pH-Wert 6?

A. 10^{-12} D. 10^{-6}
B. 10^{-9} C. 10^{6}
C. $6 \cdot 10^{-7}$

5.27   5.1.8   Fragentyp A

Welche Aussage trifft zu?
Der pH-Wert einer $0,5 \times 10^{-5}$ N HCl-Lösung beträgt etwa

A. 2,9   D. 5,3
B. 3,7   E. 6,5
C. 4,2

5.28   5.1.8   Fragentyp A

Der pH-Wert einer 0,1 N wäßrigen NaOH-Lösung ist

A. 11   D. 14
B. 12   E. 15
C. 13

5.29   5.1.8   Fragentyp A

Wie groß ist der pH-Wert einer 10^{-9}N wäßrigen NaOH-Lösung?

A. 6   D. 9
B. 7   E. 10
C. 8

Lösungshilfe: reines Wasser hat den pH-Wert 7, d.h. $[H_3O^+] = [OH^-] = 10^{-7}$. Hieraus folgt, daß der pH-Wert in diesem Falle keinen kleineren Wert als 7 annehmen kann.

5.30 5.1.8 Fragentyp A

Wievielfach müssen Sie verdünnen, um aus einer HCl-Lösung mit pH 2 eine HCl-Lösung mit pH 4 herzustellen?

A. 2-fach
B. 4-fach
C. 10-fach
D. 100-fach
E. 200-fach

5.31 5.1.8 Fragentyp A

Welche Aussage trifft zu?
Der pH-Wert einer 10^{-6} N NaOH-Lösung ist

A. 6
B. 7
C. 8
D. 9
E. 10

5.32 5.1.8 Fragentyp A

Welche Aussage trifft zu?
Gibt man zu 50 ml 1 N NaOH 25 ml 1 N HCl, erhält man eine Lösung mit dem pH-Wert von etwa

A. 5
B. 7
C. 8
D. 10
E. 14

5.33　　　　　　　　　5.1.9　　　　　　　　Fragentyp A

Wie groß ist der pH-Wert einer 0,1 N Essigsäure, die zu 3% dissoziiert ist?

A. 1　　　　　　　　　D. 3
B. 1,5　　　　　　　　E. 4,5
C. 2,5

Lösungsschritte:

100% Diss. $\triangleq$ pH = 1　(c_{H^+} = 0,1 mol·l^{-1})

10% Diss. $\triangleq$ pH = 2　(c_{H^+} = 0,01 mol·l^{-1})

1% Diss. $\triangleq$ pH = 3　(c_{H^+} = 0,001 mol·l^{-1})

5.34　　　　　　　　　5.1.9　　　　　　　　Fragentyp A

Wie groß ist etwa der pH-Wert einer 0,01 M Ameisensäurelösung? (pK_s Ameisensäure : 3,8)

A. 1,8　　　　　　　　D. 3,5
B. 2,5　　　　　　　　E. 3,8
C. 2,9

5.35　　　　　　　　　5.1.9　　　　　　　　Fragentyp A

Aus dem Wassenwirkungsgesetz folgt für den pH-Wert einer Essigsäurelösung (pK_s = 4,7), wenn $CH_3COOH:CH_3COO^-$ = 1:100 ist,

A. ca. 4
B. ca. 5
C. ca. 6
D. ca. 7
E. ca. 8

5.36   5.1.9   Fragentyp A

Eine 0,1 M Lösung von Propionsäure hat einen pH-Wert von 3. Berechnen Sie bitte die Säurekonstante K_s der Säure.

A. 10^{-2}
B. 10^{-3}
C. 10^{-4}
D. 10^{-5}
E. 10^{-6}

5.37   5.1.9   Fragentyp A

Welche Aussage trifft zu?
Der pH-Wert einer 0,1 M NH_3-Lösung ($pK_b = 5$) ist

A. 7,5   D. 10
B. 8   E. 11
C. 9,5

5.38   5.1.10   Fragentyp E

Das pH-Diagramm zeigt den Verlauf der Titration von 100 ml einer schwachen Base mit einer starken Säure. Ordnen Sie bitte die Begriffe aus Liste 1 den Punkten (A-E) in der Abbildung zu:

Liste 1

1) Äquivalenzpunkt
2) Neutralpunkt
3) pK_s-Wert

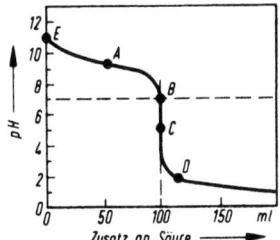

5.39 5.1.10 Fragentyp E

Aus der Titrationskurve läßt sich die Dissoziationskonstante der schwachen Säure abschätzen zu

A. 10^{-8}
B. 10^{-6}
C. $10^{-5,5}$
C. $10^{-4,7}$
E. 10^{-3}

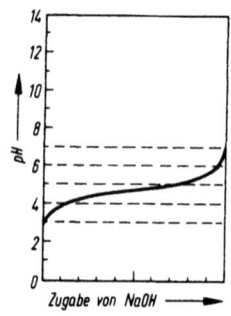

5.40 5.1.11 Fragentyp A

Welche Aussage trifft zu?

Ein Puffersystem kann bestehen aus

A. der gesättigten Lösung eines unvollständig dissoziierenden Salzes (z.B. CH_3COONa)
B. einer starken Säure und ihrem Alkalisalz (z.B. HCl/NaCl)
C. dem Salz einer starken Säure und einer verdünnten Lösung der Säure (z.B. Na_2SO_4/verd. H_2SO_4)
D. gleichen Teilen einer starken Säure und einer starken Base (z.B. HCl/NaOH)
E. einer schwachen Base und ihrem Salz mit einer starken Säure (z.B. NH_3/NH_4Cl)

5.41 5.1.11 Fragentyp A

Welche Antwort trifft <u>nicht</u> zu?

Die folgenden Verbindungspaare sind - in Wasser gelöst - als Puffer geeignet:

A. Natriumhydroxid/Natriumacetat
B. Essigsäure/Natriumacetat

C. Natriumdihydrogenphosphat/Natriumhydrogenphosphat
D. Kohlensäure/Natriumhydrogencarbonat
E. Ammoniak/Ammoniumchlorid

5.42   5.1.12   Fragentyp A

Welchen pH-Wert hat eine Pufferlösung aus 0,1 N Natriumacetat und 0,1 N Essigsäure (pK_s = 4,7)?

A. 2,3   D. 7,0
B. 3,5   E. 9,4
C. 4,7

5.43   5.1.13   Fragentyp C

Bei der pH-Messung in wäßrigen Lösungen mittels Glaselektrode ist eine Bezugselektrode nicht erforderlich,

weil

die Potentialdifferenz an der Phasengrenze Glas/Lösung hauptsächlich vom pH-Wert der Probenlösung abhängt.

5.44   5.1.13   Fragentyp E

Die Abbildung zeigt die Kurve, die bei der Titration einer schwachen Säure mit einer starken Base erhalten wurde. Ordnen Sie bitte die Begriffe aus Liste 1 den entsprechenden Punkten (A-E) in der Abbildung zu:

Liste 1

1) Äquivalenzpunkt

2) pK_s-Wert

3) Neutralpunkt

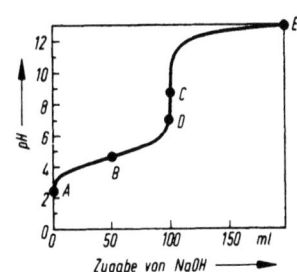

5.45   5.1.14   Fragentyp D

Welche Aussagen über Farbindikatoren treffen zu?

1) Ihre Eigenfarbe ändert sich mit dem pH-Wert der Lösung.
2) Farbindikatoren sind schwache Säuren oder Basen.
3) Der Umschlagsbereich eines Farbindikators liegt bei seinem pK_S-Wert.
4) Jeder Farbindikator ist grundsätzlich für alle Titrationen verwendbar.
5) Farbindikatoren erlauben die genaueste pH-Wert-Messung.

Wählen Sie bitte die zutreffende Aussagenkombination.

A. Nur 3 und 4 sind richtig
B. Nur 1, 2 und 3 sind richtig
C. Nur 2, 4 und 5 sind richtig
D. Nur 1, 2, 3 und 4 sind richtig
E. Alle Aussagen sind richtig

6 Heterogene Gleichgewichte

6.01 6.1.1 Fragentyp A

Iod verteile sich mit einem Verteilungskoeffizienten von 1 in einer Mischung von 100 ml Wasser und 10 ml Chloroform. Welcher Prozentanteil Iod liegt dann etwa in der organischen Phase vor?

A. 1%
B. 10%
C. 20%
D. 50%
E. 90%

6.02 6.1.2 Fragentyp D

Wodurch läßt sich das Ausmaß der Adsorption an feste Oberflächen beeinflussen?

Durch die

1) Art der adsorbierten Substanz
2) Konzentration der adsorbierten Substanz
3) Art des Adsorbens
4) Oberfläche des Adsorbens
5) Temperatur

Wählen Sie bitte die zutreffende Aussagenkombination.

A. Nur 2 und 5 sind richtig
B. Nur 3 und 4 sind richtig
C. Nur 1, 2 und 3 sind richtig
D. Nur 1, 4 und 5 sind richtig
E. Alle Aussagen sind richtig

6.03   6.1.3   Fragentyp D

Welche Aussagen treffen zu?

Die Konzentration eines gelösten Gases in einer Flüssigkeit

1) nimmt zu mit steigender Temperatur
2) nimmt zu mit fallender Temperatur
3) nimmt zu mit der Menge der Flüssigkeit
4) hängt ab vom Partialdruck des Gases im Gasraum über der Lösung
5) ist unabhängig vom Partialdruck des Gases im Gasraum über der Lösung

Wählen Sie bitte die zutreffende Aussagenkombination.

A. Nur 3 ist richtig
B. Nur 1 und 4 sind richtig
C. Nur 2 und 4 sind richtig
D. Nur 3 und 5 sind richtig
E. Nur 1, 3 und 5 sind richtig

6.04   6.1.4   Fragentyp A

Welche Aussage trifft zu?

Der osmotische Druck kommt dadurch zustande, daß die gelöste Substanz

A. sich in möglichst viel Lösungsmittel zu verteilen sucht
B. in der Lösung einen Überdruck erzeugt
C. mit dem Lösungsmittel eine Anlagerungsverbindung bildet
D. vollständig dissoziiert ist
E. sich exotherm gelöst hat und die Lösung dadurch eine höhere Temperatur als die Umgebung hat

6.05   6.1.4
        6.1.7   Fragentyp C

Der osmotische Druck einer 1 mol·l^{-1}-Lösung eines Elektrolyten ist kleiner als der einer 1 mol·l^{-1}-Lösung eines Nichtelektrolyten,

weil

ein gelöster Elektrolyt eine größere Teilchenzahl in der Lösung ergibt als ein Nichtelektrolyt

6.06   6.1.5   Fragentyp A

Als Sublimation bezeichnet man

A. das Verdampfen eines Stoffes
B. den direkten Übergang eines Stoffes vom festen in den gasförmigen Aggregatzustand
C. die Abscheidung von Festsubstanz aus einer Flüssigkeit
D. die Verflüssigung von Gasen bei tiefen Temperaturen
E. das Aufdampfen von dünnen Metallschichten auf Gegenstände im Hochvakuum

6.07   6.1.5   Fragentyp A

Eine Substanz hat für ein Wasser-Ether-Gemisch den Verteilungskoeffizienten k = 1.
Wieviel Prozent dieser Substanz werden beim Ausschütteln von 50 ml Lösung mit 50 ml Ether aus der Lösung entfernt?

A. 100 %   D. 25 %
B. 75 %   E. 10 %
C. 50 %

6.08 6.1.5 Fragentyp B

Ordnen Sie bitte jedem Trennverfahren (Liste 1) die entsprechende physikalisch-chemische Grundlage aus Liste 2 zu:

Liste 1

1) Destillation
2) Sublimation
3) Gefriertrocknung

Liste 2

Unterschiede

A. im Aggregatzustand
B. im Dampfdruck
C. in der Löslichkeit
D. im Verteilungskoeffizienten
E. in der Adsorptionsfähigkeit

6.09 6.1.5 Fragentyp A

Welche Aussage trifft nicht zu?
Eine Lösung hat (bei gleicher Temperatur) gegenüber dem reinen Lösungsmittel

A. einen höheren Dampfdruck
B. einen höheren osmotischen Druck
C. einen höheren Siedepunkt
D. einen tieferen Gefrierpunkt
E. eine Dampfdruckerniedrigung proportional zu der Zahl der gelösten Teilchen

6.10   6.1.5   Fragentyp E

Welche der Kurven entspricht der Dampfdruckkurve einer Substanz bei Änderung der Temperatur?

A.
B.
C.
D.
E.

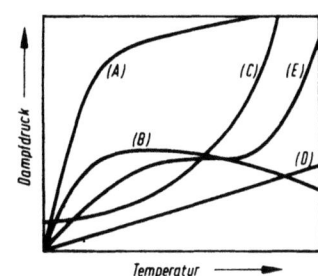

6.11   6.1.5
       6.1.6   Fragentyp B

Ordnen Sie bitte jedem Trennverfahren (Liste 1) die entsprechende physikalisch-chemische Grundlage aus Liste 2 zu:

Liste 1

1) Kristallisation
2) Extraktion
3) Dünnschicht-
   chromatographie

Liste 2

Unterschiede

A. im Siedepunkt
B. im Dampfdruck
C. in der Löslichkeit
D. im Verteilungskoeffizienten
E. in der Adsorptionsfähigkeit

	6.1.5	
6.12	6.1.6	Fragentyp B

Ordnen Sie bitte jedem Trennverfahren (Liste 1) die entsprechende physikalisch-chemische Grundlage aus Liste 2 zu:

Liste 1

1) Säulenchromatographie
2) Papierchromatographie
3) Flüssigkeitschromatographie

Liste 2

Unterschiede

A. im Siedepunkt
B. im Dampfdruck
C. in der Löslichkeit
D. im Verteilungskoeffizienten
E. in der Adsorptionsfähigkeit

	6.1.5	
6.13	6.1.6	Fragentyp A

Welche Antwort trifft nicht zu?
Eine geeignete physikalische Methode zur Trennung von Substanzgemischen ist

A. die Destillation
B. die Chromatographie
C. die Sublimation
D. Dialyse
E. UV-Spektroskopie

6.14	6.1.6	Fragentyp D

Welche Aussagen treffen zu?
Der Austausch von Ionen zwischen einer Lösung und einem Ionenaustauscher ist abhängig

1) von der Größe des Austausch-Verteilungskoeffizienten
2) von der Temperatur

3) vom pH-Wert der Lösung
4) von der Größe der Ionen
5) von der Ladung der Ionen

Wählen Sie bitte die zutreffende Aussagenkombination.

A. Nur 1 ist richtig
B. Nur 2 und 3 sind richtig
C. Nur 1, 4 und 5 sind richtig
D. Nur 2, 3 und 4 sind richtig
E. Alle Aussagen sind richtig

6.15   6.1.6   Fragentyp A

Welche Aussage trifft zu?
Der Austausch von Ionen zwischen einem Ionenaustauscher und den Ionen in einer Lösung beruht auf

A. der unterschiedlichen Größe der Ionenladungen
B. Dialyseeffekten
C. Verteilungsgleichgewichten der auszutauschenden Ionen
D. Solvationseffekten
E. rein thermisch induzierten Diffusionseffekten

6.16   6.1.7   Fragentyp A

Ursache für das Auftreten des Donnanschen osmotischen Drucks ist

A. das Lösungsmittel
B. das Elektroneutralitätsprinzip
C. die semipermeable Wand der Zelle
D. die Salzlösung außerhalb der Membran
E. die Diffusionsgeschwindigkeit der gelösten Substanz

7 Kinetik, Energetik

7.01 7.1.1 Fragentyp A

Die Reaktionsgeschwindigkeit einer Reaktion nullter Ordnung hängt ab von

A. der Substratkonzentration
B. der Halbwertszeit
C. einem chemischen Vorgang
D. der Reaktionsenthalpie
E. Keine der Antworten trifft zu

7.02 7.1.1 Fragentyp A

Verläuft eine Reaktion in mehreren Schritten, so wird die Reaktionsgeschwindigkeit der Gesamtreaktion bestimmt durch

A. den ersten Reaktionsschritt
B. den letzten Reaktionsschritt
C. den schnellsten Reaktionsschritt
D. den langsamsten Reaktionsschritt
E. alle Reaktionsschritte

7.03 7.1.1 Fragentyp D

Die Reaktionsgeschwindigkeit ist

1) die differentielle Abnahme der Konzentration der Ausgangsstoffe in der Zeiteinheit
2) die differentielle Zunahme der Konzentration der Produkte in der Zeiteinheit
3) umgekehrt proportional der Konzentration der Ausgangsstoffe

4) proportional der Konzentration der Produkte

5) der negative Logarithmus der Produktkonzentration

Wählen Sie bitte die zutreffende Aussagenkombination.

A. Nur 1 ist richtig
B. Nur 5 ist richtig
C. Nur 1 und 2 sind richtig
D. Nur 3 und 4 sind richtig
E. Nur 1, 2 und 5 sind richtig

7.04   7.1.1   Fragentyp A

Die Reaktionsgeschwindigkeit ist definiert als

A. Konzentration x Reaktionszeit
B. $\dfrac{\text{Konzentration der Edukte}}{\text{Reaktionszeit}}$
C. $\dfrac{\text{Molumsatz}}{\text{Zeit}}$
D. $\dfrac{\text{Konzentrationsänderung}}{\text{Zeit}}$
E. Konzentrationsänderung x Zeit

7.05   7.1.2   Fragentyp A

Welche Aussage trifft zu?

In dem "Konzentration gegen Zeit"-Diagramm einer Reaktion findet man einen exponentiellen Kurvenverlauf bei

A. Reaktionen 0. Ordnung
B. Reaktionen 1. Ordnung
C. Reaktionen 2. Ordnung
D. fast allen Reaktionen, unabhängig von der Reaktionsordnung
E. fast allen Reaktionen, jedoch abhängig von der Halbwertszeit

7.06   7.1.4   Fragentyp A

Welche Aussage trifft zu?
Die Halbwertszeit ist bei einer Reaktion 1. Ordnung

A. direkt proportional der Konzentration
B. unabhängig von der Konzentration
C. exponentiell abhängig von der Konzentration
D. abhängig von der Quadratwurzel aus der Konzentration
E. umgekehrt proportional zur Konzentration

7.07   7.1.4   Fragentyp A

Welche Aussage trifft zu?
Unter dem Begriff "Halbwertszeit" versteht man

A. die Hälfte der Zeit, die eine Reaktion bis zum Reaktionsende benötigt
B. die Zeit, in der die Hälfte der zu Beginn vorhandenen Menge des Ausgangsstoffes umgesetzt wurde
C. die Zeit, in der die Hälfte der Produktmenge gebildet wird
D. die Zeit, die für die Gleichgewichtseinstellung benötigt wird
E. den zeitlichen Unterschied zwischen den Geschwindigkeiten von Hin- und Rückreaktion

7.08   7.1.4   Fragentyp A

Der radioaktive Zerfall von $^{137}_{53}I$ verläuft nach einer Reaktion 1. Ordnung.
Die entsprechende Differentialgleichung für die Zerfallsgeschwindigkeit v lautet, wenn [A] die Ausgangskonzentration bedeutet

A. $v = -\dfrac{d[A]}{dt} = k\,[A]$

B. $v = -\dfrac{d[A]}{dt} = k$

C. $v = -\dfrac{1}{c}\dfrac{d[A]}{dt} = k$

D. $v = -\frac{d[A]}{dt}[A] = k$

E. $v = \frac{d[A]}{dt} = -k$

7.09 7.1.4 Fragentyp A

Welche Aussage trifft zu?

Bei der Reaktion A ⟶ B, die nach 1. Ordnung verlaufen soll, ist die Reaktionsgeschwindigkeit

A. abhängig von der Konzentration von A
B. abhängig von der Konzentration von B
C. unabhängig von der Konzentration von A
D. abhängig vom Logarithmus der Konzentration von A
E. abhängig vom Logarithmus der Konzentration von B

7.10 7.1.5 Fragentyp D

Die Geschwindigkeitskonstante in der Arrhenius-Gleichung $k = A \cdot e^{-E_a/RT}$ ist bei einer gegebenen Reaktion abhängig von der

1) Aktivierungsenthalpie
2) Temperatur
3) Größe der Moleküle
4) Zahl der Moleküle
5) Größe der Ionsisierungsenergie

Wählen Sie bitte die zutreffende Aussagenkombination.

A. Nur 1, 2 und 5 sind richtig
B. Nur 2, 3 und 4 sind richtig
C. Nur 3, 4 und 5 sind richtig
D. Nur 1, 2, 3 und 4 sind richtig
E. Alle Aussagen sind richtig

| 7.11 | 7.1.5 | Fragentyp A |

Welche Aussage trifft zu?

Als Aktivierungsenthalpie bezeichnet man

A. die Enthalpiedifferenz zwischen dem Produkt und dem Ausgangsstoff

B. die Erniedrigung der Reaktionsenthalpie bei Verwendung eines Katalysators

C. die Enthalpiedifferenz zwischen einer Zwischenstufe und dem Endprodukt

D. die Enthalpiedifferenz zwischen dem Ausgangsstoff und einem Übergangszustand

E. die aufzubringende Enthalpie bei einer endothermen Reaktion

| 7.12 | 7.1.5
7.1.6 | Fragentyp E |

Die folgende Abbildung zeigt das Energieprofil einer Reaktion. Ordnen Sie bitte den Begriffen in Liste 1 den entsprechenden Buchstaben (A-E) aus der Abbildung zu:

Liste 1

1) Reaktionskoordinate

2) Übergangszustand

3) Zwischenstufe

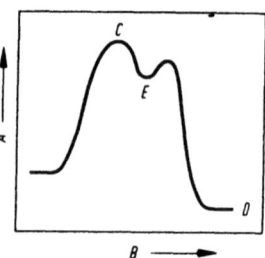

7.13	7.1.5 7.1.6	Fragentyp E

Die folgende Abbildung zeigt das Energieprofil einer Reaktion. Ordnen Sie bitte den Begriffen in Liste 1 den entsprechenden Buchstaben (A-E) aus der Abbildung zu:

1) Aktivierungsenthalpie

2) Reaktionsenthalpie

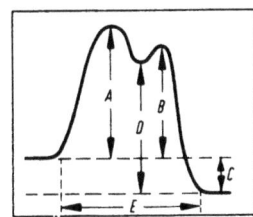

7.14	7.1.6	Fragentyp A

Welche Aussage trifft zu?

In einem Reaktionssystem sollen Reaktionswege mit unterschiedlichen Aktivierungsenthalpien vorliegen. Es wird derjenige Reaktionsweg bevorzugt,

A. der über eine Zwischenstufe verläuft

B. bei dem die niedrigste Aktivierungsenthalpie überwunden werden muß

C. bei dem ein Katalysator eingesetzt werden muß

D. der nach 2. Ordnung verläuft

E. der über einen Übergangszustand verläuft

7.15	7.1.8	Fragentyp A

Welche Aussage über Katalysatoren trifft nicht zu?

Sie

A. erniedrigen die Aktivierungsenergie der Reaktion

B. bilden oft kurzlebige Zwischenverbindungen mit dem Substrat

C. erhöhen die Reaktionsgeschwindigkeit

D. beeinflussen die Lage des Gleichgewichts

E. haben keinen Einfluß auf die Reaktionsenthalpie der Gesamtreaktion

7.16   7.1.8   Fragentyp A

Welche Aussage trifft zu?
Ein Katalysator

A. erniedrigt die Aktivierungsenthalpie
B. beeinflußt die Lage des Gleichgewichts
C. beeinflußt die Reaktionsenthalpie
D. hat keinen Einfluß auf die Reaktionsgeschwindigkeit
E. beschleunigt nur die Hinreaktion

7.17   7.1.9   Fragentyp A

Die Reaktion von Kohlenstoff mit Sauerstoff zu CO_2 kann direkt oder über CO als Zwischenstufe verlaufen.

1. Reaktionsweg: $C + O_2 \longrightarrow CO_2$; $\Delta H^o = -393$ kJ
2. Reaktionsweg:
   1. Schritt: $C + \frac{1}{2} O_2 \longrightarrow CO$; $\Delta H^o_{C \rightarrow CO} = ?$
   2. Schritt: $CO + \frac{1}{2} O_2 \longrightarrow CO_2$; $\Delta H^o = -283$ kJ

   Mit Hilfe des Hess'schen Satzes errechnet sich die unbekannte Reaktionswärme $\Delta H^o_{C \rightarrow CO} =$ zu

A. -220 kJ   D. + 55 kJ
B. -110 kJ   E. + 110 kJ
C. - 55 kJ

7.18   7.1.9   Fragentyp A

Welche Aussage trifft zu?
Auf Grund des 1. Hauptsatzes der Thermodynamik gilt für isolierte Systeme

A. $\Delta U = \Delta Q$
B. $\Delta U = \Delta W$
C. $\Delta U = 0$
D. $U = 0$
E. $\Delta U = \Delta W + \Delta Q$

7.19   7.1.9   Fragentyp A

Welche Aussage über abgeschlossene (isolierte) Systeme trifft zu?

A. Sie tauschen nur Materie mit der Umgebung aus.
B. Sie tauschen nur Energie mit der Umgebung aus.
C. Sie sind durchlässig für Materie, aber undurchlässig für Energie.
D. Sie sind durchlässig für Arbeit, aber undurchlässig für Wärme.
E. Sie sind undurchlässig für Materie und Energie.

7.20   7.1.10   Fragentyp A

Welche Aussage über Reaktionen in einem geschlossenen System trifft <u>nicht</u> zu?

A. Ist $\Delta G < 0$, läuft die Reaktion freiwillig (spontan) ab.
B. Ist $\Delta G = 0$, befindet sich die Reaktion im Gleichgewicht.
C. Ist $\Delta G > 0$, läuft die Reaktion nicht freiwillig ab.
D. Freiwillig ablaufende Reaktionen heißen exergonisch.
E. Nicht spontan ablaufende Reaktionen heißen endotherm.

7.21   7.1.10   Fragentyp A

Welche Aussage trifft zu?

Für geschlossene Systeme folgt aus dem 1. Hauptsatz der Thermodynamik

A. $U = $ konst.
B. $\Delta U = 0$
C. $\Delta U = \Delta Q + \Delta W$
D. $\Delta U = \Delta Q - \Delta W$
E. $\Delta Q = - \Delta W$

7.22 7.1.10
7.1.11 Fragentyp B

Ordnen Sie bitte jedem der in Liste 1 aufgeführten thermodynamischen Symbole die zutreffende Aussage aus Liste 2 zu:

Liste 1

1) ΔU
2) ΔH

Liste 2

A. Änderung der freien Enthalpie
B. Änderung der Gesamtenergie
C. Änderung der Inneren Energie
D. Änderung der Entropie
E. Änderung der Enthalpie

7.23 7.1.11 Fragentyp A

Welche Aussage trifft zu?

Für isobar und isotherm geführte Reaktionen in geschlossenen Systemen hat die Gibbs-Helholtzsche Gleichung die Form:

A. $\Delta G = \Delta H + T \cdot \Delta S$
B. $\Delta G = T \cdot \Delta H - \Delta S$
C. $\Delta G = \Delta H - T \cdot \Delta S$
D. $\Delta G = T \cdot \Delta H + \Delta S$
E. $\Delta G = \Delta S \cdot \Delta H - T$

7.24 7.1.11 Fragentyp A

Welche Aussage trifft zu?

Bei einem isobaren Prozeß ist

A. ΔH stets größer Null
B. ΔU stets kleiner Null
C. $\Delta H = \Delta U$
D. $\Delta H = \Delta U + p \cdot \Delta V$
E. $\Delta H = $ stets kleiner als ΔU

7.25   7.1.11
       7.1.12   Fragentyp D

Für isolierte (abgeschlossene) Systeme gilt nach dem 2. Hauptsatz der Thermodynamik:

1) Bei spontanem Ablauf von Reaktionen nimmt die Entropie des Systems zu ($\Delta S > 0$).

2) Bei reversiblem Ablauf von Reaktionen bleibt die Entropie konstant ($\Delta S = 0$).

3) Befindet sich ein System im Gleichgewicht, so hat die Entropie ein Maximum.

4) Befindet sich ein System im Gleichgewicht, so hat die Entropie ein Minimum.

5) Bei irreversiblem Ablauf von Reaktionen nimmt die Entropie des Systems ab.

Wählen Sie bitte die zutreffende Aussagenkombination.

A. Nur 4 ist richtig

B. Nur 5 ist richtig

C. Nur 2 und 5 sind richtig

D. Nur 1, 2 und 3 sind richtig

E. Nur 2, 4 und 5 sind richtig

7.26   7.1.11
       7.1.12   Fragentyp B

Ordnen Sie bitte jedem der in Liste 1 angegebenen thermodynamischen Symbole die zutreffende Aussage aus Liste 2 zu:

Liste 1

1) ΔG

2) ΔS

Liste 2

A. Änderung der Entropie eines Systems

B. Maß für die Triebkraft einer Reaktion

C. Energieänderung bei der Aufnahme von Elektronen

D. Änderung der Reaktionsenthalpie eines Systems

E. Änderung der Inneren Energie eines Systems

7.27 7.1.11
7.1.12 Fragentyp A

Welche Aussage trifft nicht zu?

A. Beim Lösen von Kochsalz in Wasser nimmt die Entropie zu.
B. Beim Gefrieren von Wasser (Bildung von Eis) nimmt die Entropie ab.
C. Beim Übergang vom flüssigen Zustand in den dampfförmigen Zustand nimmt die Entropie zu.
D. Die Entropieänderung ist mitbestimmend für die Triebkraft einer chemischen Reaktion.
E. Bei einem reversiblen Prozeß in einem isolierten System ist die Änderung der Entropie größer oder kleiner Null.

7.28 7.1.13 Fragentyp A

Welche Aussage trifft zu?
Eine endergonische Reaktion

A. kann nie exotherm sein
B. kann nie endotherm sein
C. kann sowohl exotherm als auch endotherm sein
D. läuft stets freiwillig ab
E. hat einen negativen Wert für ΔG

7.29 7.1.15 Fragentyp A

Für eine chemische Reaktion wurden die Werte $\Delta H = -88$ kJ und $\Delta G = +86$ kJ berechnet. Welche Aussage über diese Reaktion trifft zu?

A. Sie ist exotherm.
B. Sie ist exergonisch.
C. Sie läuft spontan ab.
D. Die Aktivierungsenthalpie beträgt 2 kJ.
E. Keine der Aussagen trifft zu.

8 Formelanhang

In Kapitel 8 des Gegenstandskatalogs für Mediziner sind die wichtigsten Verbindungen aus den Kapiteln 1 - 7 nochmals als Formelanhang zusammengestellt. Die Eigenschaften und Reaktionen dieser Verbindungen sind in den vorangegangenen Kapiteln dieses Buches berücksichtigt und werden deshalb nicht gesondert behandelt.

Formelsammlung:

H_2O, O_2, H_2O_2, O_3, H_2,

NaOH, $NaHCO_3$, KOH, Na_2CO_3, K_2CO_3, NaCN, KCN,

$MgSO_4$, $CaCO_3$, $CaSO_4$, Ca-Oxalat,

CO_2, CO, H_2CO_3, $COCl_2$,

NH_3, NH_4Cl, HNO_3, HNO_2, NH_2OH,

H_3PO_4, Na-Phosphate, Ca-Phosphat, Pyrophosphorsäure,

H_2S, SO_2, SO_3, H_2SO_4,

HF, HCl, HBr, HI, Na- und K-Halogenide,

CaF_2, I_2, Br_2, $CaCl_2$, Cl_2,

$FeCl_3$, $CuSO_4$, $FeSO_4$, $ZnSO_4$

Organische Chemie

9 Struktur und Stereochemie organischer Moleküle

9.01 9.1.1 Fragentyp A

Welche Aussage über die chemische Bindung trifft zu?

A. Bei der σ-Bindung ist die freie Rotation eingeschränkt.
B. Manche Verbindungen enthalten keine σ-Bindungen, sondern lediglich mehrere aufeinanderfolgende π-Bindungen.
C. Bei der π-Bindung handelt es sich um eine rotationssymmetrische Atombindung.
D. π-Bindungen sind nur zwischen C-Atomen möglich.
E. Es ist experimentell nicht möglich, bei einer Mehrfachbindung σ-und π-Elektronen zu unterscheiden.

9.02 9.1.1 9.1.2 Fragentyp A

Welche Angabe über das vorstehende Indolderivat trifft nicht zu?

A. Die von C-8 ausgehenden Bindungen weisen in die Ecken eines Tetraeders.
B. Die C-Atome 5, 7 und 9 sind sp^2-hybridisiert.
C. Die C-Atome 8, 10 und 11 sind sp^3-hybridisiert.
D. Der Bindungswinkel an den C-Atomen 5 und 6 beträgt etwa 90°.
E. Das C-Atom 9 ist positiv polarisiert.

	9.1.1	
9.03	9.1.2	Fragentyp B

Ordnen Sie bitte den in Liste 1 aufgeführten C-Atomen der nachstehenden Verbindung die richtige Angabe aus Liste 2 zu.

$$H-\underset{\underset{H}{|}}{\overset{\overset{H}{|}}{C_1}}-\underset{\underset{H}{|}}{\overset{\overset{H}{|}}{C_2}}-\underset{\underset{\underset{5}{CH}=\underset{6}{CH_2}}{|}}{\overset{}{\bigcirc_3}}-\underset{}{\overset{4}{C}}\underset{O}{\overset{H}{\diagdown}}$$

Liste 1

1) C-Atom 3
2) C-Atom 6

Liste 2

A. besitzt sp-Hybridorbitale
B. besitzt sp^2-Hybridorbitale
C. besitzt sp^3-Hybridorbitale
D. ist Teil einer Aldehydfunktion
E. besitzt ein freies Elektronenpaar

	9.1.1	
9.04	9.1.4	Fragentyp A

Welche Aussage über Olefine trifft nicht zu?

A. Sie haben am sp^2-hybridisierten Kohlenstoffatom einen Bindungswinkel von etwa 120°.
B. Sie können infolge der eingeschränkten Rotation um die C-C-Doppelbindung als cis-trans-Isomere auftreten.
C. Sie gehen leicht Additionsreaktionen ein.
D. Konjugierte Olefine besitzen einen höheren Energieinhalt als nicht konjugierte Olefine gleicher Kohlenstoffzahl.
E. Olefine lassen sich unter Aktivierung der Doppelbindung polymerisieren.

9.05   9.1.1
        9.1.4   Fragentyp A

Cyclohexen

A. enthält nur σ-Bindungen
B. enthält nur eine π-Bindung
C. besitzt nur rotationssymmetrische Bindungen
D. besteht nur aus sp^2-hybridisierten C-Atomen
E. hat ein dem Benzol analoges π-Elektronensystem

9.06   9.1.2
        9.1.4   Fragentyp D

I   II   III   IV

Welche Aussagen zu den Dienen I-IV treffen zu?

1) I ist ein konjugiertes Dien und besitzt einen höheren Energieinhalt als II, III oder IV.
2) II ist das trans-Isomere von IV.
3) Bei III gibt es keine cis-trans-Isomere.
4) Aus I-IV entsteht bei der katalytischen Hydrierung jeweils n-Hexan.
5) II und IV liefern bei der Addition von zwei Molen Brom die gleiche Tetrabromverbindung.

Wählen Sie bitte die zutreffende Aussagenkombination.

A. Nur 1, 2 und 4 sind richtig
B. Nur 1, 4 und 5 sind richtig
C. Nur 2, 3 und 5 sind richtig
D. Nur 2, 3, 4 und 5 sind richtig
E. Alle Aussagen sind richtig

| 9.07 | 9.1.2 12.4 | Fragentyp A |

Welche der angegebenen Stereoformeln gibt das Dimethylaminmolekül sterisch richtig wieder?

A. [Strukturformel N mit H, CH₃, CH₃ und freiem Elektronenpaar]

B. [Strukturformel in Ebene: H₃C, H an N gebunden, CH₃ und freies Elektronenpaar]

C. [Strukturformel in Ebene: H₃C, H₃C an N, H und freies Elektronenpaar]

D. [Strukturformel in Ebene: N mit CH₃, CH₃ in Ebene, H unten, freies Elektronenpaar oben]

E. [Strukturformel in Ebene: H—N mit CH₃, CH₃ und freies Elektronenpaar]

| 9.08 | 9.1.4 13.1.3 | Fragentyp B |

Ordnen Sie bitte den in Liste 1 genannten Begriffen die passenden Beispiele aus Liste 2 zu.

<u>Liste 1</u>

1) Keto-Enol-Tautomerie
2) cis-trans-Isomerie

<u>Liste 2</u>

A.
$$\begin{array}{c} COOH \\ H-C-OH \\ CH_3 \end{array} \quad \begin{array}{c} COOH \\ HO-C-H \\ CH_3 \end{array}$$

B. [Phenolat-Mesomerie-Strukturen]

C. $CH_3-\overset{O}{\underset{\|}{C}}-CH_2-\overset{O}{\underset{\|}{C}}-CH_3 \rightleftharpoons CH_3-\overset{OH}{\underset{}{C}}=CH-\overset{O}{\underset{\|}{C}}-CH_3$

D.
$$\begin{array}{c} CH_3 \\ \diagdown \\ C=C \\ \diagup \diagdown \\ H H \end{array} \quad \begin{array}{c} H CH_3 \\ \diagdown \diagup \\ C=C \\ \diagup \diagdown \\ CH_3 H \end{array}$$

E. [Br und H Konfigurationen]

9.09   9.1.4   Fragentyp A

Welche Aussage trifft <u>nicht</u> zu?
Die Verbindung $CH_3-CH_2-CH=CH_2$

A. zeigt freie Rotation um alle C-C-Einfachbindungen
B. kann Brom an der Doppelbindung addieren
C. tritt in cis-trans-Isomeren auf
D. kann mit Wasserstoff reduziert werden
E. kann Wasser unter Protonenkatalyse addieren

9.10   9.1.6   Fragentyp A

Welche Aussage über die Carbonylverbindung $\underset{R'}{\overset{R}{>}}C=\bar{\underline{O}}$ trifft <u>nicht</u> zu?

A. Das Kohlenstoffatom ist sp^2-hybridisiert.
B. R, R' und das C-Atom bilden einen Winkel von etwa 120°.
C. Die Bindung zwischen Kohlenstoff und Sauerstoff besteht aus einer σ- und einer π-Bindung.
D. In der Carbonylgruppe ist der Sauerstoff positiv polarisiert.
E. An die Carbonylgruppe können leicht Nucleophile addiert werden.

9.11   9.1.6   Fragentyp C

In einer Carbonylgruppe ist das C-Atom das Zentrum für einen nucleophilen Angriff,

<u>weil</u>

das Kohlenstoffatom elektropositiver ist als das Sauerstoffatom.

9.12   9.1.7   Fragentyp D

Das Benzolmolekül

1) liegt als ebener Sechsring vor
2) enthält drei π-Bindungen
3) enthält sechs sp^2-hybridisierte C-Atome
4) ist durch die sog. Mesomerieenergie stabilisiert
5) geht bevorzugt elektrophile Substitutionsreaktionen ein

Wählen Sie bitte die zutreffende Aussagenkombination.

A. Nur 1 und 4 sind richtig
B. Nur 1, 2 und 3 sind richtig
C. Nur 1, 3 und 4 sind richtig
D. Nur 2, 4 und 5 sind richtig
E. Alle Aussagen sind richtig

9.13   9.1.7 9.7.1   Fragentyp A

Welche der folgenden paarweise geordneten Formeln stellt **kein** Isomeren-Paar dar?

A.

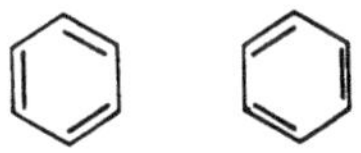

B.

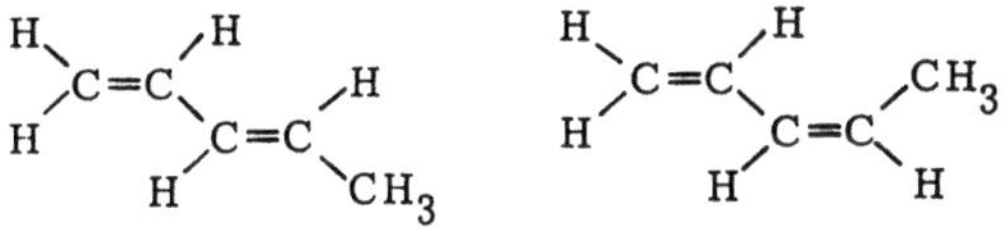

C. CH_3-CH_2-OH CH_3-O-CH_3

D.

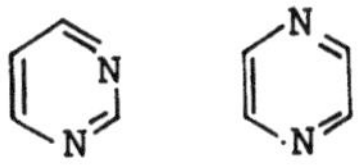

E.

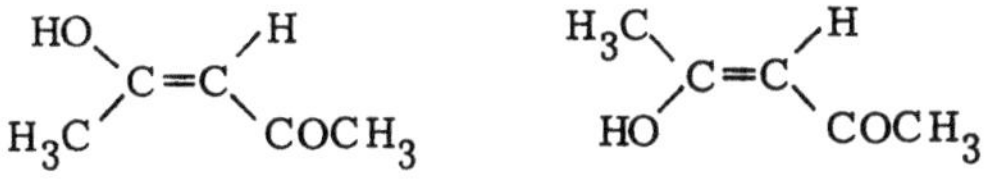

9.14	9.1.7 9.7.2	Fragentyp B

Ordnen Sie bitte den in Liste 1 genannten Begriffen die entsprechenden Beispiele aus Liste 2 zu.

<u>Liste 1</u>

1) Chiralität
2) Mesomerie

<u>Liste 2</u>

A.
```
    COOH           COOH
    |              |
  H-C-OH        HO-C-H
    |              |
    CH₃            CH₃
```

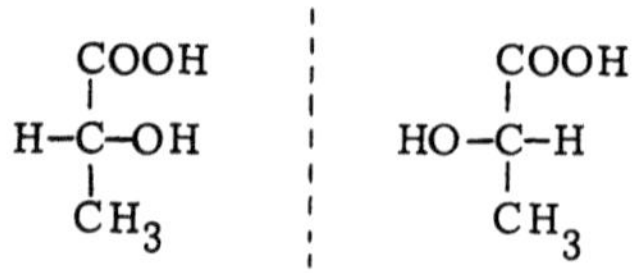

B. [phenolat-Mesomerie: Phenolat-Anion ↔ ortho-Chinonoid ↔ para-Chinonoid]

C. $CH_3-C(=O)-CH_2-C(=O)-CH_3 \rightleftharpoons CH_3-C(OH)=CH-C(=O)-CH_3$

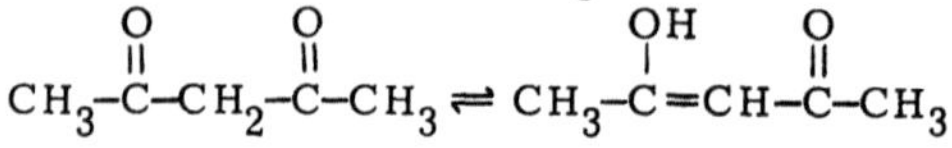

D.
```
  CH₃     CH₃        H      CH₃
     C=C                C=C
   H     H          CH₃     H
```

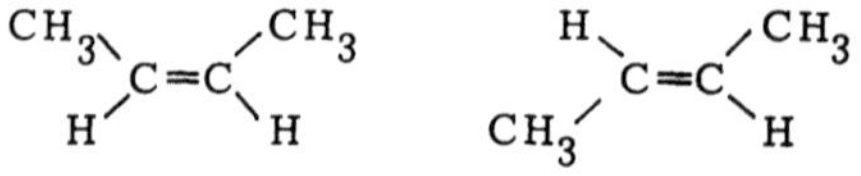

E. [Newman-Projektionen von 1-Bromethan/Propyl mit Br: gestaffelt ⇌ ekliptisch]

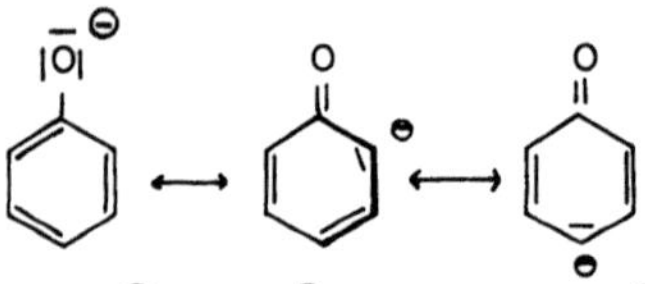

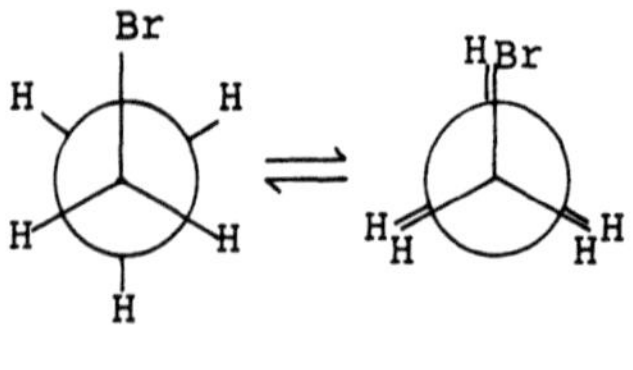

9.15 9.1.7
10.2.2 Fragentyp B

Ordnen Sie bitte den Namen in Liste 1 die entsprechenden Strukturformeln aus Liste 2 zu.

Liste 1   Liste 2

1) Toluol   A. 2-Methylphenol (CH$_3$, OH ortho)   B. Phenol (OH)

2) o-Hydroxytoluol   C. 3-Methylphenol (CH$_3$, OH meta)   D. Toluol (CH$_3$)

                            E. 4-Methylphenol (CH$_3$, OH para)

9.16 9.1.8 Fragentyp D

Welche der Verbindungen (1)-(5) ist (sind) als nucleophil zu bezeichnen?

1) $H-\overline{\underline{O}}|^{\ominus}$

2) $CH_3-\underset{CH_3}{\overset{CH_3}{C}}{}^{\oplus}$

3) $CH_3-\underset{CH_3}{\overset{CH_3}{C}}|^{\ominus}$

4) $^{\ominus}|CH_2-C\underset{H}{\overset{O}{\diagup\!\!\!\diagdown}}$

5) $AlCl_3$

Wählen Sie bitte die zutreffende Aussagenkombination.

A. Nur 2 ist richtig
B. Nur 1 und 3 sind richtig
C. Nur 2 und 4 sind richtig
D. Nur 1, 3 und 4 sind richtig
E. Nur 2, 3 und 5 sind richtig

9.17 9.1.8 Fragentyp A

Welche Zuordnung trifft <u>nicht</u> zu?

A. Anion — $CH_3O^\ominus$
B. Kation — $NH_4^\oplus$
C. Nucleophil — $NO^\oplus$
D. Radikal — $R\text{-}COO^\cdot$
E. Elektrophil — $AlCl_3$

9.18 9.1.8 Fragentyp B

Ordnen Sie bitte den Bezeichnungen in Liste 1 die entsprechenden Beispiele aus Liste 2 zu.

Liste 1

1) Anion
2) Nucleophil

Liste 2

A. $H^\oplus$
B. $OH^\ominus$
C. $Cl^\cdot$
D. $(CH_3)_2NH_2^\ominus$
E. $NH_4^\oplus$

9.19 9.1.8 Fragentyp A

Unter einem Nucleophil versteht man ein

A. positiv geladenes Ion
B. Ion oder Molekül mit Elektronenüberschuß
C. Atom oder Molekül mit einem oder mehreren ungepaarten Elektronen
D. Ion mit einer Elektronenlücke
E. Molekül, das weder Elektronendefizit noch Elektronenüberschuß besitzt

9.20   9.1.8   Fragentyp A

Unter einem Elektrophil versteht man ein

A. Molekül ohne Elektronenüberschuß und ohne Elektronendefizit
B. negativ geladenes Ion
C. Molekül mit ungepaarten Elektronen
D. Molekül mit Elektronenüberschuß
E. Ion oder Molekül mit Elektronenlücke

9.21   9.1.8   Fragentyp A

Welche Aussage trifft nicht zu?

A. Positiv geladene Ionen können als Elektrophile reagieren.
B. Die Wasserstoffatome des Benzols können durch Elektrophile substituiert werden.
C. Verbindungen mit π-Elektronen können als Nucleophile reagieren.
D. Nucleophile sind immer negativ geladene Ionen.
E. Protonen sind elektrophile Teilchen.

9.22   9.1.8   Fragentyp D

Welche der angegebenen Verbindungen ist (sind) als elektrophil zu bezeichnen?

1) $H-\bar{\underline{O}}|^{\ominus}$

2) $CH_3-\overset{\overset{CH_3}{|}}{\underset{\underset{CH_3}{|}}{C}}{}^{\oplus}$

3) $CH_3-\overset{\overset{CH_3}{|}}{\underset{\underset{CH_3}{|}}{C}}|^{\ominus}$

4) $|CH_2-C\overset{\nearrow O}{\underset{\searrow H}{}}$

5) $|\bar{\underline{C}}l\cdot$

Wählen Sie bitte die zutreffende Aussagenkombination.

A. Nur 2 ist richtig
B. Nur 2 und 5 sind richtig
C. Nur 3 und 4 sind richtig
D. Nur 1, 2 und 5 sind richtig
E. Nur 1, 3 und 5 sind richtig

9.23   9.1.8   Fragentyp D

Welche der angegebenen Verbindungen ist (sind) als Radikal(e) zu bezeichnen?

1) NO_2 2) O_2 3) $CH_3-\underset{CH_3}{\overset{CH_3}{C}}\oplus$

4) $CH_3-CH_2-\bar{\underline{O}}|^{\ominus}$ 5) N_2

Wählen Sie bitte die zutreffende Aussagenkombination.

A. Nur 2 ist richtig
B. Nur 1 und 2 sind richtig
C. Nur 2 und 5 sind richtig
D. Nur 1, 3 und 5 sind richtig
E. Nur 3, 4 und 5 sind richtig

9.24   9.2   Fragentyp A

Welche Aussage trifft zu?

Unter dem Begriff "homologe Reihe" versteht man

A. eine Gruppe von Verbindungen, die sich um einen bestimmten, gleichbleibenden Baustein unterscheiden
B. höhermolekulare Verbindungen, die durch Addition identischer, niedermolekularer Bausteine entstanden sind
C. die Art der glykosidischen Bindung in einem Polysaccharid
D. die Zahl der Peptidbindungen in einem Eiweißmolekül
E. die genaue Aminosäuresequenz in einem Peptid

9.25   9.2   Fragentyp D

Welche Zuordnungen sind richtig?

1. Styrol: ⟨○⟩−CH=CH$_2$
2. Vinylchlorid: CH$_3$−CH=CH−Cl
3. Butadien: CH$_2$=C=CH$_2$
4. Ethylen: CH$_2$=CH$_2$
5. Acrylnitril: CH$_2$=C−C≡N|
                |
                H

Wählen Sie bitte die zutreffende Aussagenkombination.

A. Nur 1 und 4 sind richtig
B. Nur 2 und 4 sind richtig
C. Nur 4 und 5 sind richtig
D. Nur 1, 2 und 5 sind richtig
E. Nur 1, 4 und 5 sind richtig

9.26   9.3   Fragentyp D

Welche der angegebenen Moleküle sind zueinander Strukturisomere?

1) CH$_2$=C=CH−CH$_2$−CH$_3$ 2) CH$_3$−CH=CH−CH=CH$_2$

3) H$_2$C=C=C⟨CH$_3$, CH$_3$⟩   4) H$_2$C=C⟨CH$_3$, CH=CH$_2$⟩

5) CH$_2$=CH−CH$_2$−CH=CH$_2$

Wählen Sie bitte die zutreffende Aussagenkombination.

A. Nur 1 und 2 sind richtig
B. Nur 1 und 3 sind richtig
C. Nur 1, 3 und 5 sind richtig
D. Nur 2, 4 und 5 sind richtig
E. Alle Aussagen sind richtig

9.27 9.3 Fragentyp A

Unter Strukturisomeren versteht man solche Moleküle,

A. deren wahre Struktur sich nur durch zwei oder mehrere mesomere Grenzformeln beschreiben läßt
B. die gleiche Summenformel, aber verschiedene Strukturformeln haben
C. die sich wie Bild und Spiegelbild verhalten
D. die durch Drehung um eine oder mehrere Einfachbindungen verschiedene Konformationen einnehmen können
E. die sich nur in der Anzahl und Stellung von Doppelbindungen unterscheiden

9.28 9.4.1 Fragentyp A

Ordnen Sie bitte die Konformeren des n-Butans nach **abnehmendem** Energieinhalt.

A. 2, 1, 4, 3
B. 1, 2, 3, 4
C. 2, 4, 1, 3
D. 1, 4, 2, 3
E. 4, 2, 3, 1

9.29 9.4.1 Fragentyp D

Welche Aussagen zu den Strukturformeln I und II treffen zu?

1) I und II sind Konformere.
2) I und II besitzen den gleichen Energieinhalt.
3) I wird als gestaffelte Anordnung bezeichnet.
4) I kann durch Drehung um die C-C-Bindung in II überführt werden.
5) I und II sind in der Newman-Projektion dargestellt.

Wählen Sie bitte die zutreffende Aussagenkombination.

A. Nur 1 und 3 sind richtig
B. Nur 2 und 5 sind richtig
C. Nur 1, 3 und 4 sind richtig
D. Nur 1, 4 und 5 sind richtig
E. Nur 2, 3 und 4 sind richtig

9.30   9.4.2   Fragentyp A

Welche Aussage zu den dargestellten Strukturformeln trifft <u>nicht</u> zu?

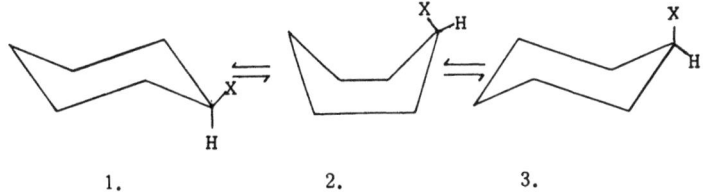

1.   2.   3.

A. 1, 2 und 3 sind Konformere.
B. 1, 2 und 3 können durch Energiezufuhr ineinander übergeführt werden.
C. 2 ist energiereicher als 1 und 3.
D. In 1 und 2 stehen die Substituenten ekliptisch.
E. In 1 steht der Substituent X äquatorial und in 3 axial.

9.31   9.4.2   Fragentyp B

Ordnen Sie bitte den in Liste 1 angegebenen Begriffen aus der Stereochemie die entsprechende Konformation aus Liste 2 zu.

Liste 1

1) Sesselkonformation
2) Wannenkonformation

Liste 2

A.    B.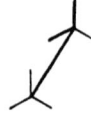

C.    D.

E.

9.32   9.5   Fragentyp D

cis-trans-Isomerie tritt auf bei:

1. $CH_3-CH=CH-CH_3$

2. ⟨⟩$-C\equiv CH$

3. CH_3-⟨⟩$-CH_3$

4. $CH_2=CH-CH=CH-CH=CH_2$

Wählen Sie bitte die zutreffende Aussagenkombination.

A. Nur 1 ist richtig
B. Nur 2 ist richtig
C. Nur 1 und 4 sind richtig
D. Nur 2 und 3 sind richtig
E. Nur 2 und 4 sind richtig

9.33 9.5
10.1.1 Fragentyp D

Welche Aussagen sind richtig?

I: (2-butene) H₃C, H on C=C, H, CH₃

II: (1,3-butadiene)

1) I und II sind Strukturisomere.
2) I reagiert mit einem Mol Brom zu 2,3-Dibrombutan.
3) Nur bei I ist cis-trans-Isomerie möglich.
4) I geht Additions- und II Substitutionsreaktionen ein.

Wählen Sie bitte die zutreffende Aussagenkombination.

A. Nur 2 ist richtig
B. Nur 3 ist richtig
C. Nur 1 und 2 sind richtig
D. Nur 2 und 3 sind richtig
E. Nur 1, 3 und 4 sind richtig

9.34 9.7.1 Fragentyp A

Die Strukturformeln I - III sollen drei Begriffe aus der Stereochemie veranschaulichen. Welche Zuordnung trifft zu?

I II III

A. I=Konstitution, II=Konfiguration, III=Konformation
B. I=Konformation, II=Konstitution, III=Konfiguration
C. I=Konfiguration, II=Konformation, III=Konstitution
D. I=Konstitution, II=Konformation, III=Konfiguration
E. I=Konformation, II=Konfiguration, III=Konstitution

9.35   9.7.1   Fragentyp A

Unter der Konstitution einer Verbindung versteht man die Angabe der

A. Art und Reihenfolge der in einem Molekül vorhandenen Bindungen ohne Berücksichtigung räumlicher Richtungen
B. relativen räumlichen Anordnung der Atome in einem Stereoisomeren
C. genauen Anordnung von Atomen eines Moleküls mit Hilfe von Bindungslängen und Winkeln
D. genauen Reihenfolge von Aminosäuren in einem Peptid
E. Gewichtsprozente Kohlenstoff auf Grund einer Verbrennungsanalyse

9.36   9.7.1   Fragentyp A

Unter Konformation versteht man die

A. Aufeinanderfolge der Atome eines Moleküls
B. genaue räumliche, durch Bindungslängen und Winkel beschriebene Anordnung der Atome eines Moleküls
C. Anzahl von C-Atomen mit sp^3-Hybridisierung
D. Zuordnung zur D- oder L-Reihe
E. die Anzahl der chiralen Zentren eines Moleküls

9.37   9.7.2   Fragentyp A

Wieviele Chiralitätszentren besitzt die folgende Verbindung?

A. 4
B. 5
C. 6
D. 7
E. 8

9.38   9.7.2 / 9.7.6   Fragentyp D

Welche Aussagen treffen für beide Verbindungen zu?

```
    COOH                COOH
     |                   |
  H-C-OH              HO-C-H
     |                   |
  HO-C-H               H-C-OH
     |                   |
    COOH                COOH

     I                   II
```

1) Es handelt sich um Dihydroxydicarbonsäuren.
2) Sie sind Enantiomere.
3) Jede Verbindung besitzt zwei Asymmetriezentren.
4) Sie sind Diastereomere.
5) Sie unterscheiden sich in der Drehung des polarisierten Lichts.

Wählen Sie bitte die zutreffende Aussagenkombination.

A. Nur 2 ist richtig
B. Nur 3 und 5 sind richtig
C. Nur 1, 3 und 4 sind richtig
D. Nur 2, 3 und 5 sind richtig
E. Nur 1, 2, 3 und 5 sind richtig

9.39   9.7.2 / 9.7.6   Fragentyp B

Ordnen Sie bitte den Verbindungen in Liste 1 das entsprechende Diastereomere aus Liste 2 zu.

<u>Liste 1</u>

1) 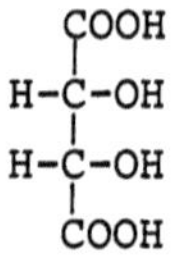
```
   COOH
 H-C-OH
 H-C-OH
   COOH
```

2) 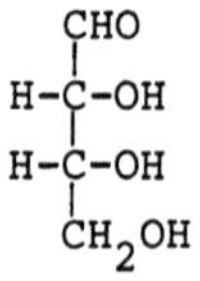
```
   CHO
 H-C-OH
 H-C-OH
   CH2OH
```

<u>Liste 2</u>

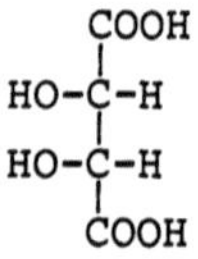

A.
```
   COOH
HO-C-H
HO-C-H
   COOH
```

B.
```
   COOH
 H-C-OH
HO-C-H
   COOH
```

C.
```
   CHO
HO-C-H
 H-C-OH
   CH2OH
```

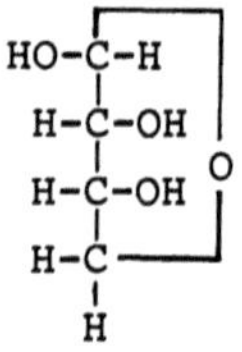

D.
```
HO-C-H ┐
 H-C-OH │
 H-C-OH │ O
 H-C────┘
   H
```

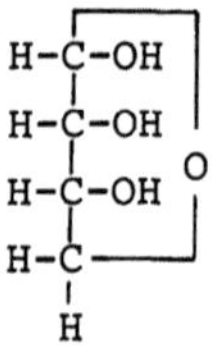

E.
```
 H-C-OH ┐
 H-C-OH │
 H-C-OH │ O
 H-C────┘
   H
```

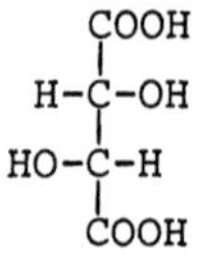

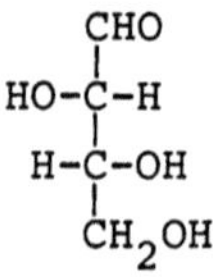

9.40   9.7.2 / 13.4.1   Fragentyp D

Die Verbindung
```
    CH2OH
    C=O
 HO-C-H
  H-C-OH
  H-C-OH
    CH2OH
```

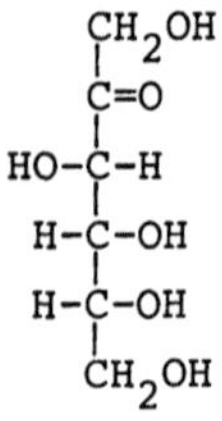

1) enthält drei Asymmetriezentren
2) reduziert Fehling'sche Lösung nicht
3) ist ein Halbacetal
4) ist eine D-Ketohexose
5) ist Bestandteil des Rohrzuckers

Wählen Sie bitte die zutreffende Aussagenkombination.

A. Nur 1 und 5 sind richtig
B. Nur 1, 2 und 4 sind richtig
C. Nur 1, 4 und 5 sind richtig
D. Nur 2, 3 und 5 sind richtig
E. Nur 3, 4 und 5 sind richtig

9.41　　　　　　　　9.7.3　　　　　　Fragentyp A

Zwei Enantiomere unterscheiden sich

A. im Siedepunkt
B. im Schmelzpunkt
C. in der Löslichkeit
D. in der Drehung des linear polarisierten Lichts
E. in der Molmasse

9.42 9.7.3 Fragentyp B

Ordnen Sie bitte den Verbindungen in Liste 1 das entsprechende Enantiomere aus Liste 2 zu.

Liste 1

1)
```
    COOH
  H-C-OH
  H-C-OH
 HO-C-H
    CH₃
```

2)
```
    COOH
  H-C-OH
 HO-C-H
  H-C-OH
    CH₃
```

Liste 2

```
    COOH
  H-C-OH
  H-C-OH
  H-C-OH
    CH₃
     A.
```

```
    COOH
  H-C-OH
 HO-C-H
 HO-C-H
    CH₃
     B.
```

```
    COOH
 HO-C-H
  H-C-OH
  H-C-OH
    CH₃
     C.
```

```
    COOH
 HO-C-H
 HO-C-H
  H-C-OH
    CH₃
     D.
```

```
    COOH
 HO-C-H
  H-C-OH
 HO-C-H
    CH₃
     E.
```

9.43 9.7.3 / 9.7.4 Fragentyp C

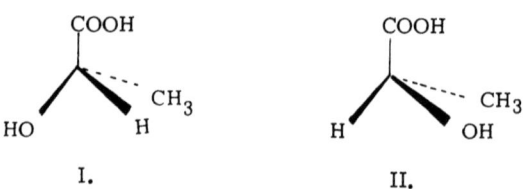

I. II.

Die beiden Strukturformeln I und II stellen Enantiomere dar,

weil

I und II ein asymmetrisches C-Atom besitzen.

	9.7.3	
9.44	9.7.4	Fragentyp A

Enantiomere sind Verbindungen, die

A. sich wie Bild und Spiegelbild verhalten
B. als cis-trans-Isomere vorliegen
C. mehrere asymmetrische Kohlenstoffatome besitzen müssen
D. nur D-Konfiguration besitzen dürfen
E. sich in ihrer Konstitution unterscheiden müssen

	9.7.3	
9.45	9.7.6	Fragentyp B

Ordnen Sie bitte den in Liste 1 angegebenen Begriffen die richtige Definition aus Liste 2 zu.

Liste 1

1) Diastereomere   2) Enantiomere

Liste 2

A. Verbindungen, die sich durch die räumliche, durch Bindungswinkel und Abstände beschriebene Anordnung der Atome eines Moleküls unterscheiden.
B. Verbindungen, die sich wie Bild und Spiegelbild verhalten.
C. Verbindungen gleicher Summenformel aber verschiedener Struktur.
D. Verbindungen mit gleicher Konstitution und gleicher Anzahl von Asymmetriezentren, die aber unterschiedlich konfiguriert sind.
E. Verbindungen, die nur der R-Konfiguration angehören dürfen.

9.46   9.7.3
          13.4.1   Fragentyp D

Welche der vier angegebenen Aldosen sind zueinander enantiomer?

```
    H   O           H   O           H   O           H   O
     \ //           \ //            \ //            \ //
      C              C               C               C
   H-C-OH         HO-C-H          HO-C-H          H-C-OH
   HO-C-H         HO-C-H          H-C-OH          HO-C-H
   H-C-OH         H-C-OH          HO-C-H          H-C-OH
   H-C-OH         H-C-OH          HO-C-H          HO-C-H
   CH2OH          CH2OH           CH2OH           CH2OH

    1)             2)              3)              4)
```

Wählen Sie bitte die zutreffende Aussagenkombination.

A. Es liegen keine Enantiomerenpaare vor
B. Nur 1 und 4 sind richtig
C. Nur 1 und 3 sind richtig
D. Nur 2 und 3 sind richtig
E. Nur 2 und 4 sind richtig

9.47   9.7.3
          14.4.1   Fragentyp A

Welche Aussage trifft zu?

```
    H-C-OH
    H-C-OH
    HO-C-H    O
    HO-C-H
    H-C
    CH2OH
         I.
```

A. I und II sind Enantiomere.
B. I ist in der Fischerprojektion, II in der Sesselkonformation dargestellt.
C. II ist ein α-Methyl-glycosid.

D. I und II enthalten jeweils vier Asymmetriezentren.
E. I und II zeigen eine positive Fehling-Reaktion.

9.48   9.7.4   Fragentyp D

Enantiomere

1) sind cis-trans-Isomere
2) haben verschiedene chemische Eigenschaften
3) verhalten sich wie Bild und Spiegelbild
4) drehen die Ebene des polarisierten Lichts um gleiche, aber entgegengesetzte Beträge
5) unterscheiden sich in Schmelz- und Siedepunkten

Wählen Sie bitte die zutreffende Aussagenkombination.

A. Nur 1 und 2 sind richtig
B. Nur 3 und 4 sind richtig
C. Nur 2, 3 und 5 sind richtig
D. Nur 3, 4 und 5 sind richtig
E. Alle Aussagen sind richtig

9.49   9.7.5   Fragentyp D

Welche Stereomodelle zeigen R-Konfiguration?

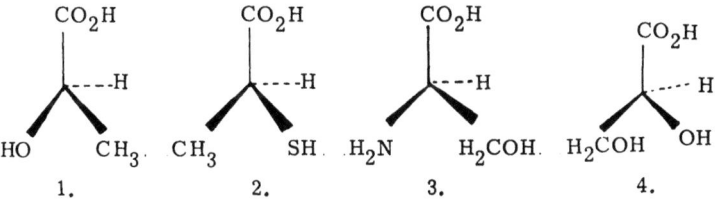

Wählen Sie bitte die zutreffende Aussagenkombination.

A. Nur 2 ist richtig
B. Nur 3 ist richtig
C. Nur 4 ist richtig
D. Nur 1 und 3 sind richtig
E. Nur 2, 3 und 4 sind richtig

9.50   9.7.6   Fragentyp A

Welche Aussage trifft <u>nicht</u> zu?
Diastereomere unterscheiden sich

A. im Schmelzpunkt
B. im Siedepunkt
C. in der Löslichkeit
D. in der Summenformel
E. in ihrer Fischerprojektion

9.51   9.7.6   Fragentyp D

Welche der folgenden Verbindungen sind Diastereomere?

```
   H   O              H   O              H   O
    \ //               \ //               \ //
     C                  C                  C
     |                  |                  |
  H-C-OH             H-C-OH            HO-C-H
     |                  |                  |
 HO-C-H              H-C-OH             H-C-OH
     |                  |                  |
  H-C-OH             H-C-OH             H-C-OH
     |                  |                  |
    CH₃                CH₃                CH₃

    1)                 2)                 3)
```

Wählen Sie bitte die zutreffende Aussagenkombination.

A. Keine der angegebenen Verbindungen sind Diastereomere.
B. Nur 1 und 2 sind richtig
C. Nur 1 und 3 sind richtig
D. Nur 2 und 3 sind richtig
E. Alle Aussagen sind richtig

10 Reaktionen mit Kohlenwasserstoffen

10.01   10.1.1   Fragentyp A

Bei der Reaktion von $CH_3-CH=CH_2$ mit Br_2 entsteht

A. $CH_3-C\equiv CH$
B. $CH_3-CH=CHBr$
C. $CH_2Br-CH=CH_2$
D. $CH_3-CHBr-CH_2Br$
E. $CH_3-CH_2-CH_2Br$

10.02   10.1.1   Fragentyp A

Welche der folgenden Verbindungen entsteht bei der Addition von Brom an Cyclohexen?

A.
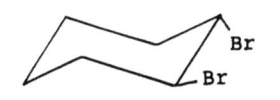

B.
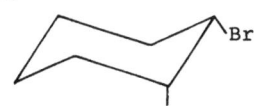

C.
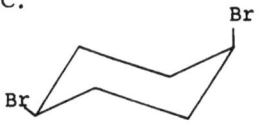

D.
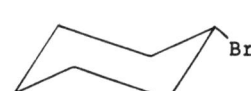

E.

10.03   10.1.1   Fragentyp A

Bei der Umsetzung von Isopren mit Bromwasser handelt es sich um eine

A. elektrophile Substitution
B. radikalische Substitution
C. nucleophile Substitution
D. Additionsreaktion
E. Eliminierung

10.04   10.1.1   Fragentyp A

Bei der Reaktion

$$\begin{array}{c} H_3C \\ \diagdown \\ H \end{array} C=C \begin{array}{c} CH_3 \\ \diagup \\ H \end{array} + H_2 \xrightarrow{\text{Katalysator}} \begin{array}{c} CH_3 \\ | \\ CH_2 \\ | \\ CH_2 \\ | \\ CH_3 \end{array} \; ; \; \Delta H = -119{,}7 \text{ kJ}$$

A. ist ein Katalysator grundsätzlich nicht notwendig, weil ΔH negativ ist
B. begünstigt eine Erhöhung der Reaktionstemperatur den Hydrierungsvorgang
C. liegt das Gleichgewicht auf der Seite der Edukte, weil die Reaktion exotherm verläuft
D. dient der Katalysator dazu, die entstehende Reaktionswärme aufzunehmen
E. führt eine Temperaturerniedrigung zur Erhöhung der Ausbeute an Endprodukt

10.05   10.1.1   Fragentyp A

Welche Aussage trifft zu?

Unter katalytischer Hydrierung versteht man eine

A. Wasserstoffabspaltung
B. Addition von H^+-Ionen
C. Wasserstoffanlagerung
D. Eliminierungsreaktion
E. Oxidationsreaktion

10.06   10.1.1   Fragentyp A

Welches Endprodukt entsteht bei der Umsetzung von Cyclohexen mit Wasser?

A.

B.
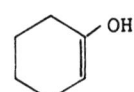

C.
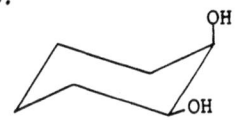

D.

E.

10.07   10.1.1   Fragentyp A

Bei der Umsetzung von CH_3-CH_2-Cl mit KOH zu $CH_2=CH_2$ handelt es sich um eine

A. Eliminierung

B. nucleophile Substitution

C. Additionsreaktion

D. radikalische Substitution

E. elektrophile Substitution

10.08   10.1.1   Fragentyp A

Welche Aussage trifft zu?
Bei der Reaktion R-CH$_2$-CH-R' ⟶ R-CH=CH-R' + H$_2$O
                           |
                           OH
handelt es sich um eine

A. Dehydrierung
B. Eliminierung
C. elektrophile Substitution
D. Addition
E. radikalische Substitution

10.09   10.1.1   Fragentyp B

Ordnen Sie bitte jedem Reaktionstyp in Liste 1 das entsprechende Beispiel aus Liste 2 zu.

Liste 1

1) Eliminierung
2) Dehydratisierung

Liste 2

A. Cyclohexanol ⟶ Cyclohexen + H$_2$O

B. Benzol + Br$^+$ ⟶ Brombenzol + H$^+$

C. C$_6$H$_5$-CH$_2$-Cl + KOH ⟶ C$_6$H$_5$-CH$_2$OH + KCl

D. 3 CH$_3$OH + Cr$_2$O$_7^{2-}$ + 8 H$^+$ = CH$_2$O + 2 Cr^{3+} + 7 H$_2$O

E. CH$_3$CHO + 2 CH$_3$OH $\underset{}{\overset{(H^+)}{\rightleftharpoons}}$ CH$_3$-CH(OCH$_3$)$_2$ + H$_2$O

10.10   10.2.1   Fragentyp A

Bei welcher der folgenden Reaktionen handelt es sich um eine Diazotierung?

A. $C_6H_5-NH_2 + HNO_2 \xrightarrow{HCl} [C_6H_5-N\equiv N]^{\oplus} Cl^{\ominus} + 2\,H_2O$

B. $C_6H_5-NH_2 + [C_6H_5-N\equiv N]^{\oplus} \longrightarrow C_6H_5-N=N-C_6H_4-NH_2$

C. $C_6H_5-NH_2 + HCl \longrightarrow C_6H_5-\overset{H}{\underset{H}{N^{\oplus}}}-H \;\; Cl^{\ominus}$

D. $C_6H_5-NH_2 + \overset{H}{\underset{O}{C}}-C_6H_5 \longrightarrow C_6H_5-N=CH-C_6H_5 + H_2O$

E. $[C_6H_5-N\equiv N]^{\oplus} Cl^- \xrightarrow{H_2O} C_6H_5-OH + N_2 + HCl$

10.11   10.2.1   Fragentyp B

Ordnen Sie bitte den Reaktionen in Liste 1 die entsprechenden Bezeichnungen aus Liste 2 zu.

Liste 1

1. C$_6$H$_6$ + Br$_2$/Katalysator → C$_6$H$_5$Br + HBr

2. $CH_3-CH_2-Br + KOH \longrightarrow CH_3-CH_2-OH + KBr$

Liste 2

A. nucleophile Substitution
B. elektrophile Substitution
C. Addition
D. Eliminierung
E. radikalische Substitution

10.12   10.2.1 / 12.1.3   Fragentyp B

Ordnen Sie bitte den Reaktionstypen in Liste 1 das passende Beispiel aus Liste 2 zu.

Liste 1

1) Autoxidation   2) elektrophile Substitution

Liste 2

A. $R-H \xrightarrow{-H\cdot} R\cdot$
   $R\cdot + O_2 \longrightarrow R-O-O\cdot$
   $R-O-O\cdot + H-R \longrightarrow R-O-O-H + R\cdot$

B. $R-CH_2-OH \longrightarrow R-C(=O)H + 2H^+ + 2e^-$

C. $Cl_2 \longrightarrow 2\, |\overline{Cl}\cdot$
   $Cl\cdot + R-H \longrightarrow H-Cl + R\cdot$
   $R\cdot + Cl_2 \longrightarrow R-Cl + Cl\cdot$

D. 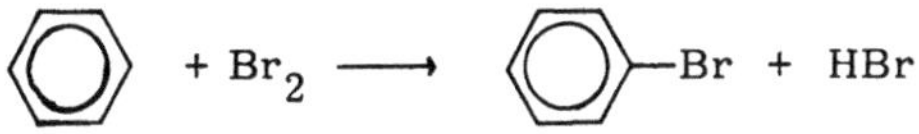 ⌬ + Br$_2$ ⟶ ⌬—Br + HBr

E. 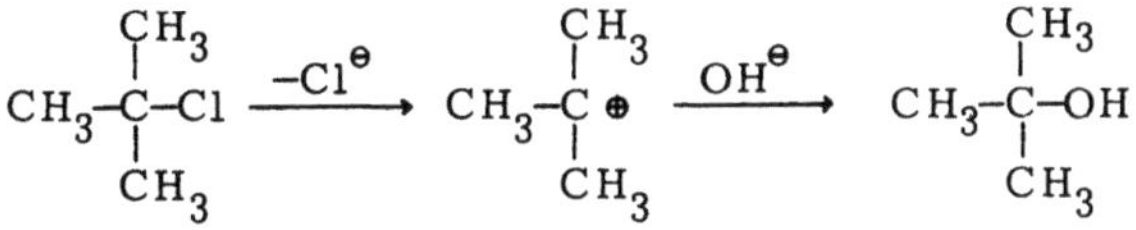 CH$_3$—C(CH$_3$)(CH$_3$)—Cl $\xrightarrow{-Cl^\ominus}$ CH$_3$—C$^\oplus$(CH$_3$)(CH$_3$) $\xrightarrow{OH^\ominus}$ CH$_3$—C(CH$_3$)(CH$_3$)—OH

10.13   10.2.2   Fragentyp A

Bei welcher der folgenden Verbindungen liegt eine para-Substitution vor?

A. 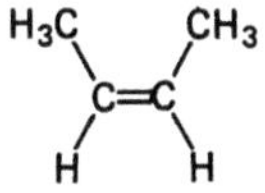 (H$_3$C)(H)C=C(CH$_3$)(H)

B. Toluol mit Br in meta-Stellung

C. 1,4-Dimethylbenzol

D.  Cyclohexan mit zwei Br (1,2)

E.  Cyclohexan mit zwei Br (1,2)

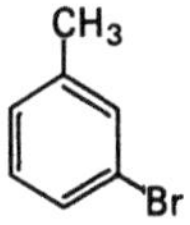

10.14   10.2.2   Fragentyp D

Bei welchen der folgenden Verbindungen stehen Substituenten in meta-Stellung?

1) 1,3,5-Trichlorcyclohexa-2,4-dien (Cl an Positionen 1, 3, 5)

2) 1,3-Dibromnaphthalin

3) 3-Hydroxybenzoesäure

4) 1,2,3-Trihydroxybenzol (Pyrogallol)

5) 5-Hydroxyphthalsäureanhydrid

Wählen Sie bitte die zutreffende Aussagenkombination.

A. Nur 1 und 3 sind richtig
B. Nur 1, 2 und 4 sind richtig
C. Nur 3, 4 und 5 sind richtig
D. Nur 1, 2 und 5 sind richtig
E. Alle Aussagen sind richtig

10.15   10.2.2   Fragentyp B

Ordnen Sie bitte den Begriffen in Liste 1 die entspechenden Strukturen aus Liste 2 zu.

Liste 1

1) ortho-Substitution
2) meta-Substitution
3) para-Substitution

Liste 2

A. 2,4-Dihydroxybenzoesäure

B. Chlorbenzol

C. $CH_3-C{\equiv}C-CH_3$

D. 1,3-Dihydroxycyclohexan

E. Phenylglycinethylester ($C_6H_5-CH(NH_2)-C(=O)-OCH_2CH_3$)

10.16   12.2.2   Fragentyp A

Wieviele Isomere bildet ein disubstituiertes Benzolderivat?

A. 1 D. 4
B. 2 E. 5
C. 3

11 Heterocyclen

11.01	11.1.1	Fragentyp A

Welche Aussage trifft zu?

Bei einem Heterocyclus handelt es sich um eine Verbindung, die

A. neben C-Atomen nur noch ein N-Atom enthält
B. neben C-Atomen mehr als ein N-Atom enthält
C. neben C-Atomen Hetero-Atome in einem Ringgerüst enthält
D. oft als offene Kette vorliegt
E. immer ein aromatisches System von π-Bindungselektronen enthält

---

11.02	11.1.1	Fragentyp D

Bei welchen der folgenden Verbindungen handelt es sich um einen Heterocyclus?

1.   2.   3.

4. 5.

Wählen Sie bitte die zutreffende Aussagenkombination.

A. Nur 3 ist richtig
B. Nur 4 ist richtig
C. Nur 4 und 5 sind richtig
D. Nur 1, 2 und 3 sind richtig
E. Alle Aussagen sind richtig

	11.1.1	
11.03	11.1.2	Fragentyp A

Welche Aussage trifft <u>nicht</u> zu?
Das abgebildete Molekül (Chinin) enthält

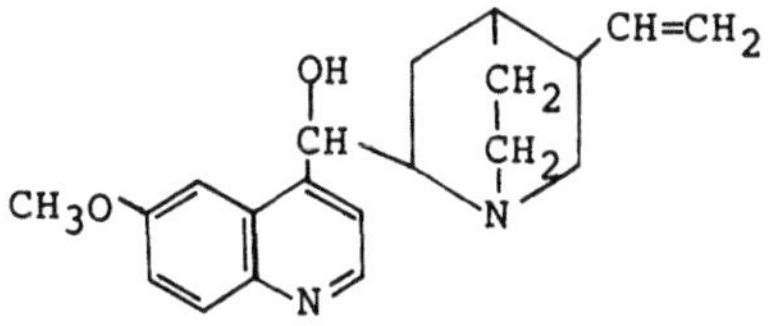

A. mindestens ein asymmetrisches C-Atom
B. eine Ethergruppierung
C. als Heterocyclus Pyrimidin
D. zwei tertiäre Aminogruppen
E. eine olefinische Doppelbindung

	11.1.1	
11.04	11.1.2	Fragentyp A

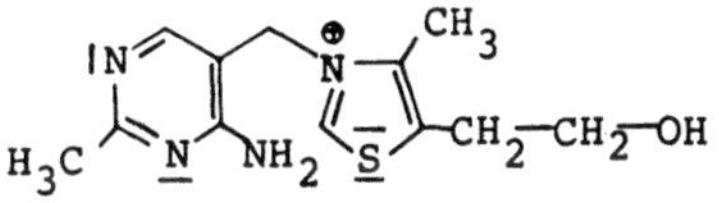

Thiamin
(Vitamin B_1)

Welche Angabe zur Struktur bzw. den funktionellen Gruppen der vorstehenden Verbindung trifft <u>nicht</u> zu?

A. Thiazolrest
B. primärer Alkohol
C. sekundäres Amin
D. dreifach substituierter Pyrimidinrest
E. quartäre Ammoniumgruppe

11.05	11.1.1 11.1.2	Fragentyp A

Welche Zuordnung trifft <u>nicht</u> zu?

A. Tetrahydro-
   furan

B. Tetrahydro-
   pyran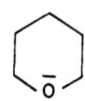

C. Pyrrol

D. Imidazol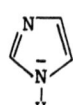

E. Pyridin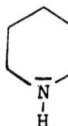

11.06	11.1.1 11.1.2	Fragentyp A

Welche Zuordnung trifft <u>nicht</u> zu?

A. Pyrrol

B. Pyridin

C. Histidin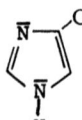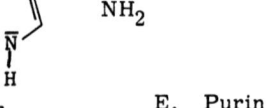

D. Imidazol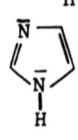

E. Purin

11.07 11.1.2 Fragentyp B

Ordnen Sie bitte den Namen in Liste 1 die richtigen Strukturformeln in Liste 2 zu.

Liste 1

1) Adenin
2) Thymin
3) Guanin

Liste 2

A. 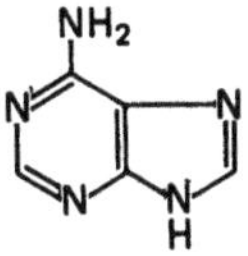

B. 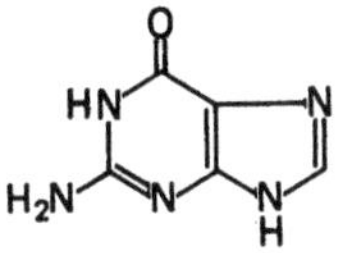

C. 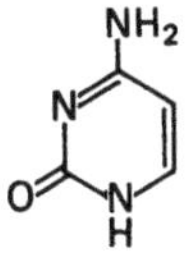

D. 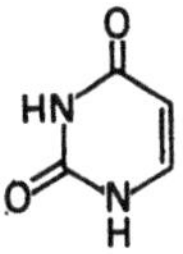

E. 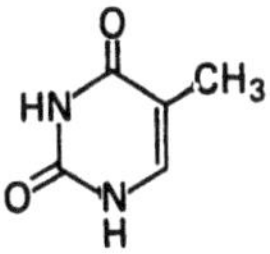

12 Monofunktionelle und einfache polyfunktionelle Verbindungen

12.01   12.1.1   Fragentyp B

Ordnen Sie bitte den Begriffen in Liste 1 die entsprechenden Strukturformeln aus Liste 2 zu.

Liste 1

1) mehrwertiger Alkohol
2) tertiärer Alkohol

Liste 2

A. Cyclohexan mit CH_3, H, und H, OH Substituenten

B. $CH_3{-}\underset{CH_3}{\overset{}{>}}CH{-}OH$

C. $\underset{OH}{CH_2}{-}\underset{OH}{CH}{-}\underset{OH}{CH_2}$

D. Cyclohexan mit CH_3 und OH am selben C-Atom

E. $CH_3{-}\underset{OH}{CH}{-}CH_2{-}CH_2{-}O{-}CH_3$

12.02   12.1.1   Fragentyp A

Welche Antwort trifft zu?

Die Summenformel eines Alkohols sei C_3H_8O. Auf Grund dieser Aussage kann man bezüglich des Moleküls weitere Feststellungen treffen über seine

A. Strukturformel
B. Konstitution
C. Konfiguration
D. Konformation
E. Es sind keine weiteren Feststellungen möglich.

12.03	12.1.1 12.8.1	Fragentyp A

Welche Zuordnung trifft **nicht** zu?

A. Cyclohexanol : Alkohol

B. Tetrahydropyran-2-ol : Ester

C. Glutarsäureanhydrid : Anhydrid

D. CH_3-CH_2
   NH : sekundäres Amin
   CH_3-CH_2

E. CH_3-CH_2
   $\overset{\oplus}{N}-H$: Ammoniumion
   CH_3-CH_2H

12.04	12.1.2	Fragentyp B

Ordnen Sie bitte den in Liste 1 angegebenen Verbindungen das passende Beispiel aus Liste 2 zu.

Liste 1

1) Alkylhalogenid
2) Säurechlorid

Liste 2

A. $CH_3-C(=O)-Cl$

B. C_6H_5-Br

C. $|\overline{\underline{I}}-\overline{\underline{I}}|$

D. $CH_3-CH_2-CH_2-F$

E. $CH_3-\overset{\overset{CH_3}{|}}{\underset{\underset{CH_3}{|}}{N^{\oplus}}}-CH_3 \quad Br^{\ominus}$

12.05 12.1.1 Fragentyp A

Welche Feststellung trifft <u>nicht</u> zu?

Morphin enthält [Strukturformel]

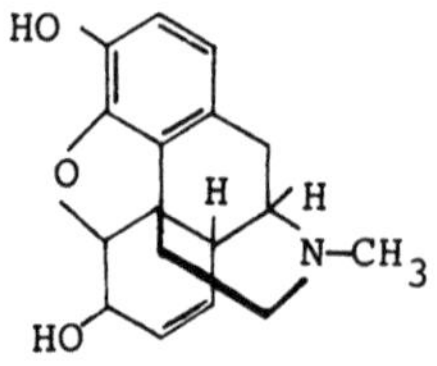

A. einen Cyclohexenolring
B. einen cyclischen Ether
C. eine tertiäre Aminogruppe
D. einen Cyclohexanring
E. eine phenolische OH-Gruppe

12.06 12.1.2 Fragentyp C

Alkohole haben tiefere Siedepunkte als die Alkane entsprechender Kettenlänge,

<u>weil</u>

Alkohole Wasserstoffbrückenbindungen ausbilden können.

12.07 12.1.3 Fragentyp A

Welche der folgenden Gleichungen beschreibt die Oxidation von Propan-2-ol richtig?

A. $CH_3-CH(OH)-CH_3 \longrightarrow CH_3-CO-CH_3 + 2\ e^- + 2H^+$

B. $CH_3-CH(OH)-CH_3 + 2\ e^- \longrightarrow CH_3-CO-CH_3 + 2H^+$

C. $CH_3-CH(OH)-CH_3 + 2\ e^- + 2H^+ \longrightarrow CH_3-CO-CH_3$

D. $2\ CH_3\text{-}CH\text{-}CH_3 \longrightarrow \begin{matrix} CH_3 \\ CH_3 \end{matrix}\!\!>\!\!CH\text{-}O\text{-}CH\!<\!\!\begin{matrix} CH_3 \\ CH_3 \end{matrix} + H_2O$
     $\quad\ \ |$
     $\ \ \ OH$

E. $2\ CH_3\text{-}CH\text{-}CH_3 \longrightarrow \begin{matrix} CH_3 \\ CH_3 \end{matrix}\!\!>\!\!CH\text{-}O\text{-}O\text{-}CH\!<\!\!\begin{matrix} CH_3 \\ CH_3 \end{matrix} + 2H^+ + 2\ e^-$
     $\quad\ \ |$
     $\ \ \ OH$

12.08   12.1.3   Fragentyp A

Welche Aussage über die Koeffizienten der folgenden Gleichung trifft zu?

$r\ C_2H_5\text{-}SH \longrightarrow s\ H_5C_2\text{-}S\text{-}S\text{-}C_2H_5 + t\ H^+ + u\ e^-$

A. $r = s,\ t = u$
B. $r = t,\ u > s$
C. $r = u = 1,\ s = t = 1$
D. $s = t = u = 2,\ r = 1$
E. $s = u = 2,\ t = r = 2$

12.09   12.1.3   Fragentyp A

Welche Aussage trifft **nicht** zu?

A. Die Verbindungen Ethanol, Acetaldehyd und Essigsäure können durch Redoxreaktionen ineinander überführt werden.
B. Aceton kann zu Propanol-2 reduziert werden.
C. Brenztraubensäure kann zu Milchsäure reduziert werden.
D. Formaldehyd kann durch Dehydrierung von Methanol hergestellt werden.
E. Propanol-2 läßt sich leicht zur Carbonsäure oxidieren.

12.10   12.1.3   Fragentyp D

Welche der folgenden Verbindungen können zu einem primären Alkohol reduziert werden?

1. $H-C\overset{O}{\underset{OH}{\diagdown}}$

2. $CH_3-CH_2-C\equiv N$

3. Phenyl-CO-CH_3 (Acetophenon)

4. Cyclohexan-1,2-dion

5. $\underset{CH_3}{\overset{CH_3}{\diagdown}}CH-COOH$

Wählen Sie bitte die zutreffende Aussagenkombination.

A. Keine der Verbindungen kann zum Alkohol reduziert werden.
B. Nur 1 ist richtig
C. Nur 1 und 5 sind richtig
D. Nur 3 und 4 sind richtig
E. Nur 1, 2 und 4 sind richtig

12.11   12.1.3   Fragentyp A

Welche Oxidationszahl für C in den folgenden Verbindungen ist richtig angegeben?

A. CH_3-CH_3 : -4

B. $H-C\overset{O}{\underset{OH}{\diagdown}}$: $+1$

C. CH_2O : 0

D. CH_3OH : -3

E. CH_4 : -2

12.12   12.1.3   Fragentyp A

Welche der folgenden Verbindungen ergibt bei der Oxidation einen Aldehyd?

A. $CH_3-CH_2-CH_2-OH$

B. $CH_3-\underset{OH}{CH}-CH_2-CH_3$

C. $CH_3-\underset{CH_3}{\overset{CH_3}{C}}-OH$

D.  Cyclohexanon

E. $H-C\overset{O}{\underset{H}{\diagdown}}$

12.13   12.1.3   Fragentyp A

Für die stöchiometrischen Faktoren bei nachfolgender Oxidationsreaktion gilt

$$s\ R-CH_2-OH + t\ O_2 \longrightarrow u\ R-C\overset{O}{\underset{H}{\diagdown}} + v\ H_2O$$

A. s = u

B. v < u

C. u < s

D. t > v

E. v > s

12.14   12.1.3   Fragentyp A

Welche Aussage über die Koeffizienten der nachstehenden Reaktionsgleichung trifft zu?

$$w \begin{array}{c} COOH \\ | \\ CHOH \\ | \\ CH_3 \end{array} \longrightarrow x \begin{array}{c} COOH \\ | \\ C=O \\ | \\ CH_3 \end{array} + y\ H^+ + z\ e^-$$

A. $w = x,\ y = z$

B. $w > y,\ x < z$

C. $w = y = 2,\ z = x = 1$

D. $y > z,\ w = x$

E. $w = x + y + z$

12.15   12.1.3   Fragentyp A

Welche der folgenden Verbindungen hat eine Sulfonamidstruktur?

A. C$_6$H$_5$–S(=O)(=O)–$\bar{O}|^\ominus$ NH$_4^\oplus$

B. R–S(=O)(=O)–NH$_2$

C. R–$\underline{\bar{S}}$–$\underline{\bar{S}}$–R

D. R–$\underline{\bar{S}}$–H

E. R–S(=O)(=O)–$\bar{O}$–S(=O)(=O)–$\bar{O}$–H

12.16   12.1.3   Fragentyp D

Welche Feststellungen über die beiden Verbindungen

$(CH_3)_2CH$–OH (I) und CH_3–CH_2–OH (II) treffen zu?

1) I und II sind Strukturisomere.
2) I kann zu einem Keton oxidiert werden.
3) Aus II entsteht bei der Oxidation Essigsäure.
4) I ist chiral und besitzt R-Konfiguration.
5) Aus I und II können unter Wasserabspaltung Ether dargestellt werden.

Wählen Sie bitte die zutreffende Aussagenkombination.

A. Nur 1 und 2 sind richtig
B. Nur 3 und 4 sind richtig
C. Nur 1, 4 und 5 sind richtig
D. Nur 2, 3 und 5 sind richtig
E. Alle Aussagen sind richtig

12.17   12.1.4   Fragentyp A

Welche Aussage trifft zu?
Bei der Reduktion eines Disulfids in wäßriger Lösung bildet sich

A. ein Thioether
B. eine Sulfonsäure
C. ein Thioalkohol
D. ein Sulfonamid
E. ein Sulfoxid

12.18   12.1.4   Fragentyp C

Thioalkohole sind stärker sauer als Alkohole,

<u>weil</u>

Thioalkohole gut kristallisierende Schwermetallsalze bilden können.

12.19   12.1.4   Fragentyp A

Welche Aussage trifft nicht zu?
Thioalkohole

A. sind stärker sauer als Alkohole
B. bilden keine Wasserstoffbrücken aus
C. sind schwerer oxidierbar als Alkohole
D. werden zu Disulfiden oxidiert
E. sind Monosubstitutionsprodukte des Schwefelwasserstoffs

12.20   12.2   Fragentyp A

Welche Aussage trifft zu?
Im Vergleich zu den entsprechenden Alkoholen

A. haben Ether einen höheren Siedepunkt
B. sind Ether in Wasser schlechter löslich
C. sind Ether reaktionsfähiger
D. bilden Ether leichter Wasserstoffbrücken aus
E. sind Ether gegenüber Oxidationsmitteln empfindlicher

12.21   12.2   Fragentyp C

Alkohole haben höhere Siedepunkte als Ether,

weil

nur Alkohole Wasserstoffbrückenbindungen ausbilden können.

12.22   12.2   Fragentyp C

Diethylether ist mit Wasser gut mischbar,

weil

Wasser Wasserstoffbrücken ausbildet.

| 12.23 | 12.2
12.5.2 | Fragentyp B |

Ordnen Sie bitte den Namen in Liste 1 die entsprechenden Beispiele aus Liste 2 zu.

Liste 1

1) Ether
2) Acetal

Liste 2

A. $CH_3-CH_2-O-\overset{\overset{O}{\|}}{C}-CH_3$
B. $CH_3-CH_2-O-\underset{CH_3}{\overset{CH_3}{\underset{|}{\overset{|}{C}}}}-CH_2-OH$

C. $CH_3-\underset{OCH_3}{\overset{H}{\underset{|}{\overset{|}{C}}}}-OCH_3$
D. $CH_3-CH_2-\overset{\overset{O}{\|}}{C}-CH_3$
E. (δ-Valerolacton-Ring)

| 12.24 | 12.3 | Fragentyp A |

Welche Aussage trifft nicht zu?

I. (1,3-Dihydroxybenzol)   II. (1,2-Dihydroxybenzol)

A. I und II enthalten je sechs π-Elektronen.
B. In I stehen die Substituenten in meta-Stellung zueinander.
C. I kann zu Benzochinon oxidiert werden.
D. II entsteht bei der Reduktion von o-Benzochinon.
E. I und II sind Stellungsisomere.

12.25   12.3   Fragentyp A

Welche Aussage trifft nicht zu?

Phenole

A. können zu Chinonen oxidiert werden
B. sind stärker sauer als aliphatische Alkohole
C. bilden mit Carbonsäuren Ester
D. sind schwerer als Benzol durch Elektrophile substituierbar
E. bilden ein mesomeriestabilisiertes Phenolat-Anion.

               12.3
12.26   12.7.1   Fragentyp A

Welche Aussage trifft nicht zu?

CH_3-CH_2-OH (Phenol) $CH_3-C\begin{smallmatrix}O\\OH\end{smallmatrix}$

   I   II   III

A. II und III sind Broensted-Säuren.
B. I kann zu III oxidiert werden.
C. III dissoziiert leicht ein Proton ab, weil das entstehende Carboxylation durch Mesomerie stabilisiert ist.
D. I und II reagieren mit Säuren zu Estern.
E. I ist stärker sauer als II.

               12.3
12.27   12.7.1   Fragentyp D

Bei welchen der folgenden Verbindungen kann ein Proton leicht abdissoziiert werden?

1) Phenol
2) Essigsäuremethylester
3) Acetylaceton
4) Propionsäure

Wählen Sie bitte die zutreffende Aussagenkombination.

A. Nur 1 ist richtig
B. Nur 4 ist richtig
C. Nur 1 und 4 sind richtig
D. Nur 3 und 4 sind richtig
E. Nur 1, 3 und 4 sind richtig

12.28   12.4   Fragentyp A

Welche Zuordnung trifft <u>nicht</u> zu?

A. primäres Amin: $CH_3-CH_2-CH_2-C(=O)NH_2$

B. sekundäres Amin: H–N(Cyclohexyl)

C. Ammoniumverbindung: $(CH_3)_3C-\overset{\oplus}{N}H_3 \quad I^{\ominus}$

D. tertiäres Amin: (Pyridin)

E. sekundäres Amin: $CH_3-CH_2-\underset{H}{\overset{|}{N}}-\underset{CH_3}{\overset{H\diagup CH_3}{C}}$

12.29   12.4   Fragentyp C

2-Aminopropan $\begin{array}{c}CH_3\\ \\ CH_3\end{array}\!\!\!\searrow\!\!\!CH-N\!\!\!\diagup\!\!\!\begin{array}{c}H\\ \\ H\end{array}$ ist ein sekundäres Amin,

<u>weil</u>

im 2-Aminopropan die H_2N-Gruppe an einem sekundären C-Atom steht.

12.30 12.4 Fragentyp B

Ordnen Sie bitte den Namen in Liste 1 die entsprechenden Strukturformeln aus Liste 2 zu.

Liste 1

1) Trimethylammoniumchlorid
2) Cholin

Liste 2

A. $[HO-CH_2-CH_2-\overset{\oplus}{N}(CH_3)_3]\ OH^-$

B. $[(CH_3)_3\overset{\oplus}{N}-\underset{\underset{OH}{|}}{CH}-CH_3]\ Cl^-$

C. $[CH_3-\underset{\underset{CH_3}{|}}{\overset{\overset{CH_3}{|}}{\underset{\oplus}{N}}}-H]\ Cl^-$

D. $[CH_3-\underset{\underset{CH_3}{|}}{\overset{\overset{CH_3}{|}}{\underset{\oplus}{N}}}-CH_3]\ Cl^-$

E. $[CH_3-CH_2-\underset{\underset{H}{|}}{\overset{\overset{H}{|}}{\underset{\oplus}{N}}}-CH_3]\ Cl^-$

12.31 12.4 Fragentyp A

Die Umsetzung eines Amins mit Salzsäure liefert

A. ein Diazoniumsalz
B. eine Nitrosoverbindung
C. eine Ammoniumverbindung
D. ein Oxim
E. eine Azoverbindung

12.32   12.4   Fragentyp D

Welche Feststellungen über Amine treffen zu?

1) Man unterscheidet primäre, sekundäre und tertiäre Amine.
2) Sie enthalten am Stickstoff immer ein freies Elektron.
3) Sie bilden mit Säuren Ammoniumverbindungen.
4) Sie sind als Elektrophile zu bezeichnen.
5) Nur tertiäre Amine reagieren mit salpetriger Säure.

Wählen Sie bitte die zutreffende Aussagenkombination.

A. Nur 1 ist richtig
B. Nur 1 und 3 sind richtig
C. Nur 2 und 5 sind richtig
D. Nur 1, 2 und 4 sind richtig
E. Alle Aussagen sind richtig

12.33   12.4.1   Fragentyp A

Bei der Umsetzung von Dimethylamin mit HCl wird

A. die Aminogruppe durch Chlor substituiert
B. eine Ammoniumverbindung gebildet
C. eine Diazoniumverbindung gebildet
D. die Aminogruppe zur Nitrogruppe oxidiert
E. Cl^- zu Cl_2 oxidiert

12.34   12.4.1   Fragentyp A

Der pH-Wert einer äquimolaren wäßrigen Lösung von Methylamin (pK_s = 10,64) und Methylammoniumchlorid beträgt etwa

A. 5.3
B. 7.8
C. 9.3
D. 10.6
E. 11.2

12.35   12.4.1   Fragentyp A

Ordnen Sie bitte die folgenden Amine nach fallender Basizität.

1. $CH_3-CH_2-\overline{N}H_2$ 2. ⟨○⟩$-NH_2$ 3. $(CH_3CH_2)_2\overline{N}H$

   $pK_b = 3,25$ $pK_b = 9,42$ $pK_b = 3,02$

A. 1, 3, 2   D. 2, 1, 3
B. 3, 2, 1   E. 2, 3, 1
C. 3, 1, 2

12.36   12.4.1   Fragentyp A

Wie groß ist der pH-Wert einer 10^{-2} N wäßrigen Lösung von Ammoniak ($pK_s = 9,25$)?

A. 7,9   D. 10,6
B. 8,6   E. 11,3
C. 9,2

12.37   12.4.1   Fragentyp C

Anilin ($pK_s = 4,58$) hat einen größeren pK_b-Wert als Dimethylamin ($pK_s = 10,71$),

weil

beim Anilin das freie Elektronenpaar am Stickstoff in die Mesomerie des Phenylrestes einbezogen ist.

12.38   12.5.1   Fragentyp A

In welcher der folgenden Verbindungen ist ein Zentrum für einen nucleophilen Angriff vorhanden?

A. CCl_4 B. H_2SO_4 C. $\overset{H}{\underset{H}{\diagdown}}C=\overline{\underline{O}}$

D. ⟨○⟩   E. $CH_3-CH=CH-CH_3$

12.39   12.5.2   Fragentyp A

Die Verbindung $CH_3-CH=\underline{N}-\langle\bigcirc\rangle$ entsteht bei der Umsetzung von

A. Ethylchlorid mit Anilin
B. Acetaldehyd mit Phenylhydrazin
C. Essigsäurechlorid und Anilin
D. Acetaldehyd und Anilin
E. Essigsäureamid und Chlorbenzol

12.40   12.5.2   Fragentyp A

Die Verbindung $\begin{array}{c}H_3C\\H_3C\end{array}\!\!\!\!>\!\!C=N-\langle\bigcirc\rangle$ entsteht durch Umsetzung von

A. Aceton und Phenylhydrazin
B. Acetylchlorid und Phenylhyrazin
C. Acetaldehyd und Phenylhydrazin
D. Acetamid und Anilin
E. Aceton und Anilin

12.41   12.5.2   Fragentyp A

Die Gruppierung $\begin{array}{c}R\\R\end{array}\!\!\!\!>\!\!C=\underline{N}-OH$ trifft zu für

A. eine Azogruppe   D. ein Oxim
B. ein Azomethin   E. eine Amidgruppe
C. eine Diazogruppe

12.42 12.5.2 Fragentyp D

Bei der Reaktion von Acetaldehyd mit Phenylhydrazin

1) wird die Carboxylgruppe am positivierten C-Atom vom Nucleophil angegriffen
2) wird die Aldehydgruppe zur Säure oxidiert
3) handelt es sich um eine nucleophile Additionsreaktion
4) wird unter Freisetzung von Wasser ein Hydrazon gebildet
5) handelt es sich um eine Aldoladdition

Wählen Sie bitte die zutreffende Aussagenkombination.

A. Nur 1 und 4 sind richtig
B. Nur 1 und 5 sind richtig
C. Nur 3 und 4 sind richtig
D. Nur 1, 2 und 5 sind richtig
E. Nur 1, 3 und 4 sind richtig

12.43 12.5.2 Fragentyp B

Ordnen Sie bitte den in Liste 1 angegebenen Begriffen die richtigen Beispiele aus Liste 2 zu.

Liste 1

1) Halbacetal
2) Vollacetal

Liste 2

A. $CH_3-CH_2-C(=O)O-CH_3$

B. (Tetrahydropyran-2-ol)

C. (1,3-Dioxan-artige Struktur)

D. (Furanose mit $HOCH_2$, CH_2OH, OH, OH)

E. $CH_3-C(OCH_3)(OCH_3)-H$

12.44 12.5.2 12.5.5 Fragentyp A

Welche Aussage trifft **nicht** zu?

Acetaldehyd kann

A. mit sich selbst zu Acetaldol reagieren
B. zu Essigsäure oxidiert werden
C. mit 2,4-Dinitrophenylhydrazin ein Hydrazon bilden
D. als Nucleophil bei einer Aldolreaktion verwendet werden
E. nur sehr schwer wieder zu dem entsprechenden Alkohol reduziert werden

12.45 12.5.2 12.8.1 Fragentyp B

Ordnen Sie bitte den Bezeichnungen in Liste 1 die entsprechenden Strukturformeln in Liste 2 zu.

Liste 1

1) Azomethin (Schiff'sche Base)
2) Säureamid

Liste 2

A. $CH_3-C(=O)N(CH_3)_2$

B. $CH_3-CH=N-CH_3$

C. 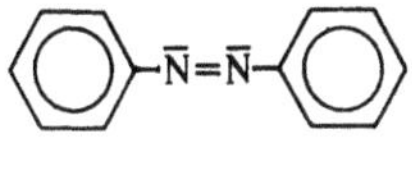 $\langle\bigcirc\rangle-\bar{N}=\bar{N}-\langle\bigcirc\rangle$

D. $[C_2H_5-\overset{C_2H_5}{\underset{C_2H_5}{N^{\oplus}}}-H]\ Cl^{\ominus}$

E. $CH_3-CH=N-OH$

12.46   12.5.3   Fragentyp A

Aldehyde kann man von Ketonen am einfachsten unterscheiden durch

A. Reaktion mit Bromwasser
B. Reaktion mit Tollens Reagenz
C. Umsetzung mit Phenylhydrazin
D. Anlagerung von Wasser
E. Umsetzung mit Hydroxylamin

12.47   12.5.3
             13.4.3   Fragentyp D

Welche der angegebenen Substanzen können einen positiven Verlauf der Fehlingschen Reaktion zeigen?

1) Zucker   4) Ketone

2) Peptide   5) Carbonsäuren

3) Aldehyde

Wählen Sie bitte die zutreffende Aussagenkombination.

A. Nur 1 ist richtig
B. Nur 1 und 3 sind richtig
C. Nur 1, 3 und 4 sind richtig
D. Nur 2, 3 und 5 sind richtig
E. Nur 3, 4 und 5 sind richtig

12.48   12.5.4   Fragentyp A

Ordnen Sie bitte die folgenden Verbindungen nach <u>fallender</u> CH-Acidität der zur Carbonylgruppe α-ständigen CH_2-Gruppe.

1) $R-CH_2-C(\!\!\begin{array}{c}O\\CH_3\end{array}$

2) $R-CH_2-C(\!\!\begin{array}{c}O\\H\end{array}$

3) $R-CH_2-C(\!\!\begin{array}{c}O\\\underline{O}R\end{array}$

4) $R-CH_2-C(\!\!\begin{array}{c}O\\\underline{O}^{\ominus}\end{array}$

A. 1, 3, 4, 2   D. 4, 2, 3, 1
B. 3, 1, 2, 4   E. 1, 4, 2, 3
C. 2, 1, 3, 4

12.49 12.5.5 Fragentyp D

Die Verbindung $CH_3-\overset{O}{\underset{\|}{C}}-CH_2-\underset{\underset{CH_3}{|}}{\overset{OH}{\underset{|}{C}}}-CH_3$

1) ist ein Aldoladditionsprodukt
2) wurde aus Aceton und Acetaldehyd (Molverhältnis 1:1) hergestellt
3) enthält eine tertiäre OH-Gruppe
4) kann unter Ausbildung einer Doppelbindung Wasser abspalten
5) enthält ein asymmetrisches C-Atom

Wählen Sie bitte die zutreffende Aussagenkombination.

A. Nur 1 und 3 sind richtig
B. Nur 2 und 4 sind richtig
C. Nur 1, 3 und 4 sind richtig
D. Nur 2, 4 und 5 sind richtig
E. Alle Aussagen sind richtig

12.50 12.5.5 Fragentyp A

Welche Feststellung trifft zu?

Bei der Reaktion $2\ CH_3-C{\overset{O}{\underset{H}{\diagup\!\!\diagdown}}} \xrightarrow[-H_2O]{(OH^-)} {\overset{O}{\underset{H}{\diagdown\!\!\diagup}}}C-CH=CH-CH_3$

handelt es sich um eine

A. Polymerisation
B. Aldolkondensation
C. Dehydrierung
D. Oxidation
E. elektrophile Substitution

12.51   12.5.5   Fragentyp D

Welche der folgenden Verbindungen sind Aldolkondensationsprodukte?

1. $CH_3-CH=CH-\overset{\overset{O}{\|}}{C}-CH_3$

2. $\text{Ph}-CH=\underline{N}-\text{Ph}$

3. $\text{Ph}-CH=CH-\overset{\overset{O}{\|}}{C}-CH_3$

4. $CH_3-CH=CH-\text{Ph}$

5. $\text{Ph}-CH=\underline{N}-\overline{N}H-\text{Ph}$

Wählen Sie bitte die zutreffende Aussagenkombination.

A. Keine der angegebenen Verbindungen
B. Nur 1 und 3 sind richtig
C. Nur 1 und 4 sind richtig
D. Nur 2 und 5 sind richtig
E. Nur 1, 2 und 4 sind richtig

12.52   12.5.5   Fragentyp A

Welche Antwort ist richtig?
Bei der Aldolkondensation

$X + \text{Ph}-C\overset{O}{\underset{H}{\diagdown}} \longrightarrow CH_3-\overset{\overset{O}{\|}}{C}-CH=CH-\text{Ph} + H_2O$

besitzt die Ausgangsverbindung X die Strukturformel

A. $CH_3-C\overset{OH}{\underset{O}{\diagdown}}$

B. $CH_3-\overset{\overset{O}{\|}}{C}-CH_3$

C. $CH_3-\overset{\overset{O}{\|}}{C}-COOH$

D. $CH_3-C\overset{O}{\underset{H}{\diagdown}}$

E. CH_3-CH_2-OH

12.53 12.6.1 Fragentyp A

Welche Feststellung trifft zu?
Das wesentliche Strukturmerkmal eines Chinons ist

A. eine Carbonylgruppe
B. eine in Konjugation mit einer Doppelbindung stehende Carbonylgruppe
C. eine in Konjugation mit zwei Doppelbindungen stehende Carbonylgruppe
D. zwei in Konjugation mit einer Doppelbindung stehende Carbonylgruppen
E. zwei in cyclischer Konjugation miteinander stehende Carbonylgruppen

12.54 12.6.1 12.6.2 Fragentyp A

Wie groß ist das Potential des Redoxpaares Chinon (0.01 molar)/Hydrochinon (1 molar) bei pH = 9?

(Nernstsche Gleichung: $E = E^o + \frac{0.06}{n} \cdot \lg \frac{[Ox]}{[Red]}$; $E^o = 0.7$ Volt)

A. -1.0 V
B. -0.5 V
C. 0.0 V
D. 0.1 V
E. 1.0 V

12.55	12.6.1 12.6.2	Fragentyp D

Welche der folgenden Verbindungen können durch Oxidation in Chinone überführt werden?

1. Hydrochinon (1,4-Dihydroxybenzol)
2. trans-1,2-Cyclohexandiol
3. 1,4-Dihydroxy-2-methoxynaphthalin
4. Brenzcatechin (1,2-Dihydroxybenzol)
5. Zuckerderivat mit OH, HO und Lacton

Wählen Sie bitte die zutreffende Aussagenkombination.

A. Nur 3 ist richtig
B. Nur 1 und 4 sind richtig
C. Nur 2 und 5 sind richtig
D. Nur 1, 2 und 4 sind richtig
E. Nur 1, 3 und 4 sind richtig

12.56	12.6.2	Fragentyp A

Für die Faktoren x und y bei der Reaktion

$$\text{Chinon} + x\,H^{\oplus} + y\,e^{\ominus} \rightleftharpoons \text{Hydrochinon}$$

gilt

A. $x = 1$, $y = 2$ D. $x = 1$, $y = 1$
B. $x = y = 2$ E. $x = 2$, $y = 1$
C. $x = 1$, $y = 0$

12.57   12.6.2   Fragentyp C

Das Redoxpotential von Chinonen wird durch OH- und OCH_3-Substituenten erhöht,

weil

OH- oder OCH_3-Substituenten Elektronen in das chinoide System abgeben.

12.58   12.7.1   Fragentyp A

Ordnen Sie bitte folgende Säuren nach steigender Acidität

1) CCl_3COOH 3) $(CH_3)_3CCOOH$

2) CH_3COOH 4) $ClCH_2COOH$

A. 3, 4, 2, 1   D. 4, 2, 3, 1
B. 2, 3, 1, 4   E. 1, 4, 3, 2
C. 3, 2, 4, 1

12.59   12.7.1   Fragentyp A

Ordnen Sie bitte die folgenden Carbonsäuren nach fallender Säurestärke

1) CH_3-COOH 2) $Cl_3C-COOH$ 3) $ClCH_2-COOH$

A. 1, 2, 3   D. 1, 3, 2
B. 2, 1, 3   E. 3, 2, 1
C. 2, 3, 1

12.60   12.7.1   Fragentyp C

Essigsäure gibt leichter ein Proton ab als Ethanol,

weil

das bei der Dissoziation der Essigsäure entstehende Carboxylation durch Mesomerie stabilisiert ist.

12.61　　　　　　　　12.7.2　　　　　　　Fragentyp D

Welche der folgenden Verbindungen ist eine Dicarbonsäure?

1) Äpfelsäure　　　　　4) Brenztraubensäure
2) Acetessigsäure　　　5) Zitronensäure
3) Oxalessigsäure

Wählen Sie bitte die zutreffende Aussagenkombination.

A. Keine der angegebenen Verbindungen
B. Nur 1 und 3 sind richtig
C. Nur 1 und 5 sind richtig
D. Nur 2, 3 und 4 sind richtig
E. Nur 3, 4 und 5 sind richtig

12.62　　　　　　　　12.7.2　　　　　　　Fragentyp A

Bei der Verbindung HOOC-C-CH$_2$-COOH handelt es sich um
　　　　　　　　　　　　　 ||
　　　　　　　　　　　　　 O

A. Oxalessigsäure
B. α-Ketoglutarsäure
C. Brenztraubensäure
D. Äpfelsäure
E. Fumarsäure

12.63　　　　　　　　12.7.2　　　　　　　Fragentyp A

Bei der Verbindung
$$CH_2-\underset{COOH}{\overset{OH}{C}}-CH_2$$
$$\;\;\;\,||$$
$$COOHCOOH$$
handelt es sich um

A. Oxalsäure
B. Bernsteinsäure
C. Glutarsäure
D. Maleinsäure
E. Zitronensäure

12.64	12.7.2	Fragentyp A

Welche der folgenden Säuren ist eine Tricarbonsäure?

A. Bernsteinsäure   D. Glutarsäure
B. Zitronensäure   E. Ölsäure
C. Äpfelsäure

12.65	12.7.3	Fragentyp A

Welche Aussage trifft nicht zu?
Seifen

A. enthalten eine polare Gruppe an einem längerkettigen, aliphatischen Kohlenwasserstoffrest

B. können als hydrophile Gruppe entweder Sulfonsäure- oder quartäre Ammonium-Gruppen enthalten

C. vergrößern die Oberflächenspannung

D. nehmen an der Phasengrenze eine regelmäßige Anordnung an

E. umhüllen nicht lösliche Fett- oder Ölteilchen und emulgieren sie dadurch

12.66	12.8.1	Fragentyp B

Ordnen Sie bitte den Strukturformeln in Liste 1 die richtige Bezeichnung aus Liste 2 zu.

Liste 1

1) $CH_3-C{\scriptsize\begin{array}{l}\nearrow O\\ \searrow NH_2\end{array}}$

2) $O=C{\scriptsize\begin{array}{l}\nearrow NH_2\\ \searrow NH_2\end{array}}$

Liste 2

A. Säuremonoamid
B. Säureanhydrid
C. Aminocarbonsäure
D. Carbonsäureester
E. Säurediamid

12.67	12.8.1	Fragentyp A

Welche Aussage trifft nicht zu?

Die Verbindung (2-Acetoxybenzoesäure: Benzolring mit O–CO–CH$_3$ und COOH in ortho-Stellung)

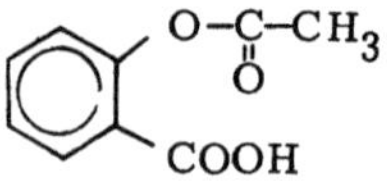

A. enthält eine Carboxylgruppe
B. enthält eine Estergruppe
C. spaltet bei Einwirkung von Säuren Essigsäure ab.
D. bildet mit Basen Salze
E. enthält eine Ethergruppierung

12.68	12.8.1	Fragentyp B

Ordnen Sie bitte den Carbonsäurederivaten in Liste 1 die entsprechenden Beispiele aus Liste 2 zu.

Liste 1

1) Säureanhydrid
2) Ester

Liste 2

A. $CH_3-C(=O)-O-CH_2-CH_2-OH$

B. $CH_3-C(=O)-NH-CH_2-CH_2-CH_3$

C. $CH_3-C(=O)-O-C(=O)-CH_3$

D. $CH_3-C(=O)-Cl$

E. $CH_3-CH_2-O-CH_2-CH_3$

12.69 12.8.1 Fragentyp A

Die Verbindung $CH_3CH_2-\underset{\underset{O}{\|}}{C}-O-\underset{\underset{O}{\|}}{C}-CH_3$ läßt sich klassifizieren als

A. Carbonsäure
B. gemischter Ether
C. Carbonsäureanhydrid
D. Dicarbonsäure
E. Endprodukt einer Aldolkondensation

12.70 12.8.1 Fragentyp A

Welche Aussage trifft zu?

Die Gruppierung $R-\underset{\underset{}{\|}}{\overset{O}{C}}-\underset{\underset{}{|}}{\underline{\overset{H}{N}}}-R'$ liegt vor in einem

A. Amin   D. Hydrazon
B. Azomethin   E. Oxim
C. Amid oder Peptid

12.71 12.8.1 / 12.8.2 Fragentyp A

Welche der folgenden Verbindungen entsteht, wenn man Dimethylamin mit Benzoylchlorid umsetzt?

A. C$_6$H$_5$-CO-$\underline{N}$=$\underline{N}$-CH$_3$

B. 3-(N(CH$_3$)$_2$)-C$_6$H$_4$-COCl

C. C$_6$H$_5$-CO-N(CH$_3$)$_2$

D. C$_6$H$_5$-CH$_2$-N(CH$_3$)$_2$

E. C$_6$H$_5$-COO$^\ominus$ H$_2\overset{\bullet}{N}$(CH$_3$)$_2$

12.72 12.8.2 Fragentyp A

Welche Aussage trifft zu?
Bei der Reaktion von Acetylchlorid mit Methylamin entsteht

A. aus Acetylchlorid ein Salz der Essigsäure
B. unter Abspaltung von Chlor ein Nitrosamin
C. N-Methyl-acetamid
D. ein Azofarbstoff
E. Essigsäureanhydrid

12.73 12.8.2 Fragentyp A

Bei der Umsetzung von Essigsäureanhydrid mit verschiedenen Nucleophilen sollen sich die angegebenen Reaktionsprodukte bilden. Welche Angabe trifft <u>nicht</u> zu?

Nucleophil	Reaktionsprodukt
A. H_2O	Essigsäure
B. NH_3	N-Acetyl-acetamid
C. verd. HCl	Essigsäure
D. CH_3OH	Essigsäuremethylester
E. $CH_3CH_2-NH_2$	N-Ethyl-acetamid

12.74 12.8.3 Fragentyp A

Welche Antwort trifft zu?
Bei der Reaktion

$$H\text{-}COOH + CH_3CH_2\text{-}OH \underset{}{\overset{(H^+)}{\rightleftarrows}} H\text{-}\underset{}{\overset{O}{\overset{\|}{C}}}\text{-}OCH_2CH_3 + H_2O$$

handelt es sich um eine

A. Veresterung
B. Dissoziation
C. Neutralisation
D. Ethersynthese
E. Oxidation

12.75	12.8.3	Fragentyp A

Welche Aussage trifft nicht zu?
Bei der Darstellung eines Esters

A. kann die Einstellung des Gleichgewichts durch Katalysatoren beschleunigt werden
B. wird bei Temperaturerhöhung auch die Rückreaktion beschleunigt
C. können $OH^\ominus$-Ionen als Katalysator verwendet werden
D. kann die Ausbeute an Ester durch Konzentrationserhöhung des Alkohols gesteigert werden
E. kann die Ausbeute erhöht werden, indem man das gebildete Wasser aus dem Gleichgewicht entfernt

12.76	12.8.3 12.8.4	Fragentyp A

Welche Aussage trifft nicht zu?

A. Bei der sauren Esterhydrolyse ist immer eine gewisse Menge Ester im Gleichgewicht vorhanden.
B. Bei der alkalischen Esterhydrolyse entsteht das Salz der Säure.
C. Bei der alkalischen Esterhydrolyse wird pro Mol Ester ein Mol Alkali verbraucht.
D. Die alkalische Esterhydrolyse ist irreversibel.
E. Bei der sauren Esterhydrolyse wird pro Mol Ester ein Mol Säure verbraucht.

12.77	12.8.4	Fragentyp C

Die basenkatalysierte Esterhydrolyse verläuft reversibel,

weil

das Carboxylation sich gegenüber Nucleophilen fast völlig inert verhält.

| 12.78 | 12.8.5 | Fragentyp A |

Welche der angegebenen Strukturformeln stellt ein Lacton dar?

A. 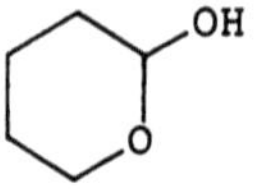 [Tetrahydropyran mit OH an C2]

B. 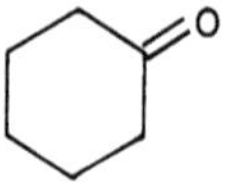 [Cyclohexanon]

C. 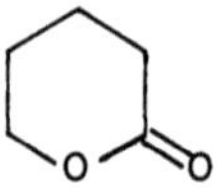 [δ-Valerolacton]

D. 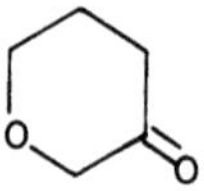 [Tetrahydropyran-3-on]

E. [Cyclohexan-1,2-dion]

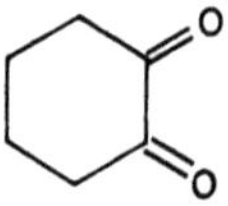

| 12.79 | 12.8.5 | Fragentyp D |

In welcher der folgenden Verbindungen ist eine Lactongruppierung enthalten?

1) 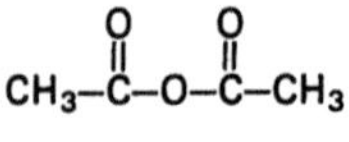 $CH_3-\overset{O}{\underset{}{C}}-O-\overset{O}{\underset{}{C}}-CH_3$

2) [Dihydropyranon]

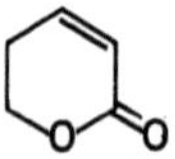

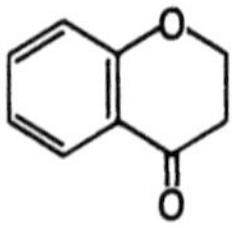

3) [Chroman-4-on]

4) [Zucker mit HO-Gruppen]

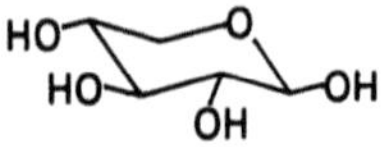

5) 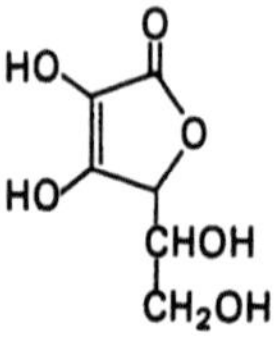 [Ascorbinsäure-ähnliche Struktur mit CHOH-CH₂OH Seitenkette]

Wählen Sie bitte die zutreffende Aussagenkombination.

A. Nur 2 ist richtig
B. Nur 2 und 5 sind richtig
C. Nur 2, 3 und 5 sind richtig
D. Nur 1, 3 und 4 sind richtig
E. Alle Aussagen sind richtig

12.80   12.8.5   Fragentyp A

Verbindungen der Struktur bezeichnet man als

A. Ether
B. Halbacetale
C. Säureanhydride
D. Lactone
E. Ketale

12.81   12.9.1   Fragentyp A

Welche Angabe zu funktionellen Gruppen und zur Struktur der nachstehenden Verbindung trifft nicht zu?

A. Diphosphorsäurediester
B. Adenin, glycosidisch an Ribose gebunden
C. Säureamid
D. primäre Aminogruppe
E. Thymin als Heterocyclus

12.82   12.9.1
         13.3.1   Fragentyp B

Ordnen Sie bitte den Namen in Liste 1 die passenden Beispiele aus Liste 2 zu.

Liste 1

1) Peptid
2) Phosphorsäureester

Liste 2

A. 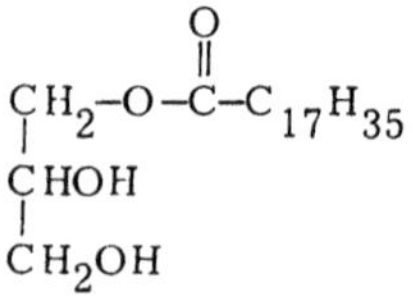
$$\begin{array}{l} CH_2-O-\overset{O}{\underset{\|}{C}}-C_{17}H_{35} \\ CHOH \\ CH_2OH \end{array}$$

B.
$$\begin{array}{l} CH_2-O-\overset{O}{\underset{\|}{C}}-C_{17}H_{33} \\ CH-O-\overset{O}{\underset{|\underline{O}|^{\ominus}}{\overset{\|}{P}}}-O-CH_2-CH_2-\overset{\oplus}{N}(CH_3)_3 \\ CH_2-O-\underset{O}{\overset{\|}{C}}-C_{15}H_{31} \end{array}$$

C.
$$\text{C}_6\text{H}_5-\overset{O}{\underset{\underset{O}{\|}}{\overset{\|}{P}}}-OH$$

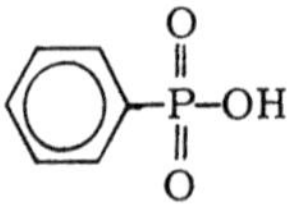

D. 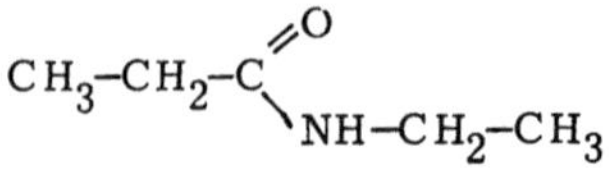 $CH_3-CH_2-C\underset{NH-CH_2-CH_3}{\overset{\nearrow O}{}}$

E. 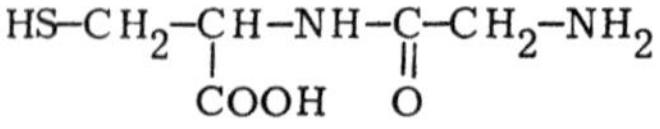 $HS-CH_2-\underset{COOH}{CH}-NH-\underset{O}{\overset{\|}{C}}-CH_2-NH_2$

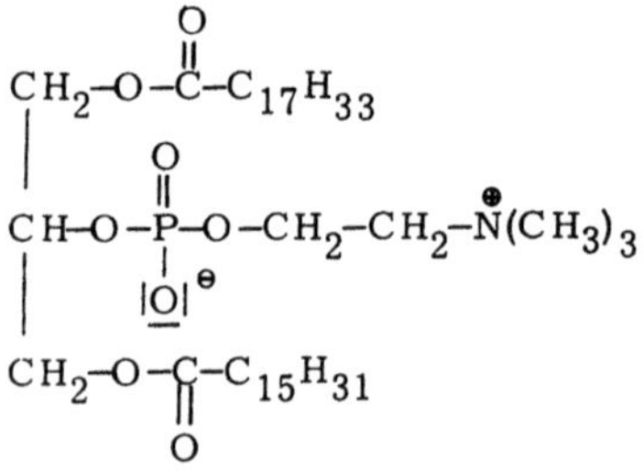

13 Polyfunktionelle, natürlich vorkommende Verbindungen

13.01 13.1.1 Fragentyp B

Ordnen Sie bitte den in Liste 1 angegebenen Namen die entsprechende Struktur aus Liste 2 zu.

Liste 1

1) Ketocarbonsäureester
2) Hydroxycarbonsäure

Liste 2

A. $CH_3-\overset{O}{\underset{\|}{C}}-O-\overset{O}{\underset{\|}{C}}-CH_3$

B. $\begin{array}{c} H\diagdown C\diagup O \\ H-\overset{|}{C}-OH \\ \overset{|}{C}H_2OH \end{array}$

C. $\underset{HO}{O\diagdown}C-CH_2-\underset{OH}{\overset{|}{C}H}-C\underset{OH}{\diagup O}$

D. $CH_3-\overset{O}{\underset{\|}{C}}-CH_2-\overset{O}{\underset{\|}{C}}-CH_3$

E. $CH_3-\overset{O}{\underset{\|}{C}}-CH_2-C\underset{OCH_2CH_3}{\diagup O}$

13.02 13.1.1 Fragentyp A

Welche Antwort trifft zu?

Die Verbindung $HO-CH_2-CH_2-CH_2-COOH$ heißt

A. Äpfelsäure
B. Acetessigsäure
C. γ-Hydroxybuttersäure
D. β-Hydroxypropionsäure
E. α-Hydroxypropionsäure

13.03 13.1.1 Fragentyp A

Welche Aussage trifft <u>nicht</u> zu?

A. Milchsäure = α-Hydroxypropionsäure
B. Salicylsäure = 3-Acetoxybenzoesäure
C. Acetessigsäure = β-Ketobuttersäure
D. β-Alanin = β-Aminopropionsäure
E. Brenztraubensäure = α-Ketopropionsäure

13.04 13.1.3 Fragentyp A

Welche Aussage trifft zu?
Bei dem Vorgang

$$CH_3-\overset{O}{\underset{\|}{C}}-CH_2-\overset{O}{\underset{\|}{C}}-OCH_2CH_3 \rightleftharpoons CH_3-\overset{OH}{\underset{|}{C}}=CH-\overset{O}{\underset{\|}{C}}-OCH_2CH_3$$

handelt es sich um eine

A. Dissoziation
B. Oxidation
C. Keto-Enol-Tautomerie
D. Verseifung
E. Dehydrierung

13.05 13.1.3 Fragentyp D

Welche der folgenden Verbindungen können in größerem Ausmaß ein Gleichgewicht von Keto-Enoltautomeren ausbilden?

1. $CH_3-\overset{O}{\underset{\|}{C}}-O-\overset{O}{\underset{\|}{C}}-CH_2-CH_3$

2. $CH_3-\overset{O}{\underset{\|}{C}}-CH_2-\overset{O}{\underset{\|}{C}}-O-CH_2-CH_3$

3. $CH_3-\overset{O}{\underset{\|}{C}}-CH_2-\overset{O}{\underset{\|}{C}}-\bigcirc$

4. $CH_3-\overset{CH_3O}{\underset{|}{C}}=CH-\overset{O}{\underset{\|}{C}}-CH_3$

5. $CH_3-\overset{HO}{\underset{|}{C}}H-\overset{O}{\underset{\|}{C}}-CH_3$

Wählen Sie bitte die zutreffende Aussagenkombination.

A. Nur 3 ist richtig
B. Nur 2 und 3 sind richtig
C. Nur 1, 3 und 5 sind richtig
D. Nur 1, 3 und 4 sind richtig
E. Nur 2, 3 und 5 sind richtig

13.06	13.1.4	Fragentyp A

Bei der Decarboxylierung von $CH_3-\overset{O}{\underset{\|}{C}}-CH_2-COOH$ entsteht

A. $CH_3-\overset{OH}{\underset{|}{CH}}-CH_3$

B. $CH_3-\overset{O}{\underset{\|}{C}}-CH_2OH$

C. CH_3-CH_2-COOH

D. $CH_3-\overset{O}{\underset{\|}{C}}-CH_2-CH_2-\overset{O}{\underset{\|}{C}}-CH_3$

E. $CH_3-\overset{O}{\underset{\|}{C}}-CH_3$

13.07	13.1.4	Fragentyp A

Decarboxyliert man die Verbindung

$$CH_3-\overset{O}{\underset{\|}{C}}-COOH,$$

dann entsteht

A. CH_3-COOH

B. $CH_4 + CO$

C. $CH_3-C\overset{O}{\underset{H}{\diagdown}}$

D. CH_3-CH_2OH

E. $CH_3-\overset{O}{\underset{\|}{C}}-\overset{O}{\underset{\|}{C}}-CH_3$

13.08   13.2.1   Fragentyp A

Welche Aussage trifft nicht zu?

```
        COOH              COOH
         |                 |
   H₂N-C-H           H-C-NH₂
         |                 |
        CH₃               CH₃

         I.                II.
```

A. I und II sind Stereoisomere.

B. II ist D-Alanin.

C. Alle natürlichen Aminosäuren haben eine II entsprechende Konfiguration.

D. I und II sind in der Fischerprojektion dargestellt.

E. I und II können der Gruppe der neutralen Aminosäuren zugeordnet werden.

13.09   13.2.1   Fragentyp B

Ordnen Sie bitte den in Liste 1 angegebenen Bezeichnungen die entsprechenden Beispiele aus Liste 2 zu.

Liste 1

1) saure Aminosäure

2) basische Aminosäure

Liste 2

A. HOOC-CH₂-CH₂-CH-COOH
                 |
                 OH

B. H₂N-CH₂-CH₂-CH₂-CH₂-CH-COOH
                           |
                           NH₂

C. H₂N\
         C-CH₂-CH₂-CH-COOH
      O⫽ |
                       NH₂

D. HO\
        C-CH₂-CH₂-CH-COOH
     O⫽ |
                     NH₂

E. HO-CH₂-CH-COOH
            |
            NH₂

13.10　　　　　　　　13.2.1　　　　　　　　Fragentyp A

Wieviele pK_s-Werte hat die Glutaminsäure?

A. 1
B. 2
C. 3
D. 4
E. die Zahl hängt von der Lage des isoelektrischen Punktes ab.

13.11　　　　　　　　13.2.1　　　　　　　　Fragentyp A

Welche der angegebenen Aminosäuren ist eine α-L-Aminosäure?

A.
```
       COOH
      /·····CH₃
   NH₂   H
```

B.
```
       COOH
      /····CH₃
    H   NH₂
```

C.
```
       COOH
      /····H
   NH₂   H
```

D.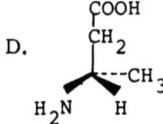

E.
```
       COOH
      /····H
    H   NH₂
```


13.12　　　　　　　　13.2.1　　　　　　　　Fragentyp C

Vom Alanin gibt es zwei Enantiomere, jedoch keine Diastereomere,

<u>weil</u>

Alanin nur ein Chiralitätszentrum im Molekül enthält.

13.13	13.2.1 13.2.3	Fragentyp A

Welche Aussage trifft <u>nicht</u> zu?

Bei Aminosäuren der allgemeinen Struktur R-CH$_2$-CH(NH$_2$)-COOH gilt für

A. Alanin   : R = -H
B. Cystein   : R = -SH

C. Phenylalanin : R = -C$_6$H$_5$

D. Lysin   : R = -CH$_2$-CH$_2$-CH$_2$-NH$_2$

E. Histidin   : R = (Indol-Rest)

13.14	13.2.1 13.3.2	Fragentyp A

Welche Kurzbezeichnung für die angegebenen Aminosäuren trifft <u>nicht</u> zu?

A. H$_2$N-CH(CH$_3$)-COOH = Ala

B. H$_2$N-CH(CH$_2$OH)-COOH = β-Ala

C. H$_2$N-CH(CH$_2$-C$_6$H$_5$)-COOH = Phe

D. H$_2$N-CH(CH$_2$-Imidazol)-COOH = His

E. H$_2$N-CH(CH$_2$SH)-COOH = Cys

13.15	13.2.2 13.2.3	Fragentyp A

Glycin (pK_{s1} = 2,35, pK_{s2} = 9,78) soll bei einer Elektrophorese zur Anode wandern. Welchen pH-Wert müssen Sie wählen?

A. 1,7
B. 2,3
C. 4,7
D. 5,9
E. 7,3

13.16	13.2.3	Fragentyp A

In welcher Form liegt ein Alaninmolekül bei einem pH-Wert von 12 vor?

A. CH_3-CH-COOH
     |
    NH_2

B. CH_3-CH-COOH
     |
    $\oplus NH_3$

C. CH_3-CH-COO$^\ominus$
     |
    NH_2

D. CH_3-CH-COO$^\ominus$
     |
    $\oplus NH_3$

E. CH_3-CH-COO$^\ominus$ $H^\oplus$
     |
    NH_2

13.17   13.2.3   Fragentyp A

Wählen Sie bitte aus den folgenden Strukturformeln diejenige aus, welche ein Zwitterion darstellt.

A. ⌬–CH$_2$–CH–COO$^\ominus$
                |
              $^\oplus$NH$_3$

B. CH$_3$–COO$^\ominus$ Na$^\oplus$

C. CH$_3$–CH$_2$–$\overline{\text{O}}$﹨H.....$\overset{\text{H}}{\overset{\diagdown}{\text{O}}}$–CH$_2$–CH$_3$

D. H–$\overline{\text{O}}$–N$\overset{\overset{\oplus}{\diagup\!\!\!\diagup\text{O}}}{\underset{\overline{\text{O}}|\ ^\ominus}{}}$

E. $|\overset{\ominus}{\text{C}}H_2$–C–CH$_3$
              ||
              O

13.18   13.3.1 / 13.3.2   Fragentyp A

Wieviele isomere Tripeptide kann man aus den Aminosäuren des Peptids H$_2$N–CH$_2$–C–NH–CH–C–NH–CH$_2$–COOH <u>insgesamt</u> synthetisieren?
                                                           || | ||
                                                           O   CH$_3$ O

A. 1   D. 4
B. 2   E. 5
C. 3

13.19   13.3.2   Fragentyp A

Wieviele isomere Tripeptide gibt es noch <u>zusätzlich</u> zu dem Peptid Gly-Ala-Cys?

A. 3   D. 6
B. 4   E. 7
C. 5

13.20 13.3.2 Fragentyp A

Welche Definition trifft zu?
Unter dem Begriff "Sequenz" versteht man die

A. Reihenfolge der Kohlenstoffatome in einer Aminosäure
B. Verknüpfung von Zuckereinheiten in einem Polysaccharid wie z.B. Zellulose
C. genaue Lage von Doppelbindungen in einem Olefin
D. Reihenfolge von Aminosäuren in einem Peptid
E. genaue Reihenfolge und Verknüpfungsart aller Atome eines Moleküls

13.21 13.3.2 13.3.3 Fragentyp A

Welche Aussage trifft nicht zu?

Die Verbindung $H_2N-CH_2-\underset{\underset{O}{\|}}{C}-\underset{\underset{H}{|}}{N}-\underset{\underset{CH_3}{|}}{CH}-\underset{\underset{O}{\|}}{C}-\underset{\underset{H}{|}}{N}-\underset{\underset{CH_2SH}{|}}{CH}-COOH$

A. ist ein Tripeptid
B. kann nur noch in zwei weiteren isomeren Sequenzen auftreten
C. enthält zwei Säureamidgruppen
D. ist aus Glycin, Alanin und Cystein aufgebaut
E. kann durch Dehydrierung an der SH-Gruppe in ein Dimeres überführt werden

13.22   13.3.2
        13.4.5
        13.5   Fragentyp B

Ordnen Sie bitte den Bezeichnungen in Liste 1 die passenden Formelbilder aus Liste 2 zu.

Liste 1

1) Dipeptid
2) Triglycerid
3) Glykosid

Liste 2

A. $CH_2-CH-CH_2-O-C-(CH_2)_{14}-CH_3$
    $\;\;|\;\;\;\;\;|\;\;\;\;\;\;\;\;\;\;\;\;\;\;\|$
    $\;\;OH\;\;OH\;\;\;\;\;\;\;\;\;\;O$

B. $H_3C-CH-C-N-CH-\bigcirc-OH$
    $\;\;\;\;\;\;|\;\;\;\|\;\;|\;\;|$
    $\;\;\;\;\;\;H_2N\;\;O\;\;H\;\;COOH$

C. $CH_2-O-C-C_{17}H_{35}$
    $\;\;\;\;\;\;\;\;\;\|$
    $\;\;\;\;\;\;\;\;\;O$
    $CH-O-C-C_{15}H_{31}$
    $\;\;\;\;\;\;\;\;\|$
    $\;\;\;\;\;\;\;\;O$
    $CH_2-O-C-C_{17}H_{33}$
    $\;\;\;\;\;\;\;\;\;\|$
    $\;\;\;\;\;\;\;\;\;O$

D. $CH_2-O-C-R$
    $\;\;\;\;\;\;\;\;\|$
    $\;\;\;\;\;\;\;\;O$
    $CH-O-C-R'$
    $\;\;\;\;\;\;\;\|$
    $\;\;\;\;\;\;\;O$
    $\;CH_3$
    $\;\;\;\;\;\;\;\;\;\;\;O\;|$
    $\;\;\;\;\;\;\;\;\;\;\;\|\;\oplus$
    $CH_2-O-P-O-CH_2-CH_2-N-CH_3$
    $\;\;\;\;\;\;\;\;\;\;\;|\;|$
    $\;\;\;\;\;\;\;\;\;\;\;|\underline{O}|^{\ominus}\;\;\;\;\;\;\;\;\;\;\;\;\;\;\;\;\;\;CH_3$

E.

13.23   13.3.3   Fragentyp B

Ordnen Sie bitte dem Begriff in Liste 1 das richtige
Strukturelement aus Liste 2 zu

Liste 1

1) Peptidbindung

2) Säureamid

Liste 2

A. $CH_3-\overset{H}{\underset{H}{N}}| \cdots \cdots H-\overset{H}{N}-CH_3$

B. $CH_3-\underset{\overset{|}{\overset{+}{N}H_3}}{CH}-C\overset{\overset{O}{\|}}{\underset{O^{-}}{\diagdown}}$

C. $CH_3-CH_2-C\overset{\overset{O}{\|}}{\underset{OC_2H_5}{\diagdown}}$

D. $\overset{\oplus}{H}N(CH_3)_3 \; NO_3^{\ominus}$

E. $CH_2-\underset{\underset{OH}{|}}{CH}-\underset{\underset{NH_2}{|}}{\overset{\overset{O}{\|}}{C}}-\underset{\underset{H}{|}}{N}-\underset{}{\overset{\overset{CH_3}{|}}{CH}}-COOH$

13.24   13.4.1   Fragentyp A

Welche Aussage trifft nicht zu?

```
   CHO           CHO         CH2OH          CHO
   |             |           |              |
 H-C-OH        H-C-OH        C=O          H-C-OH
   |             |           |              |
HO-C-H         H-C-OH      HO-C-H         HO-C-H
   |             |           |              |
 H-C-OH        HO-C-H       H-C-OH         H-C-OH
   |             |           |              |
 H-C-OH        H-C-OH       H-C-OH         CH2OH
   |             |           |
  CH2OH         CH2OH       CH2OH

   1.            2.           3.            4.
```

A. Die Verbindungen 2 und 3 sind Hexosen.

B. 1 ist Glucose und 3 Fructose.

C. 4 ist eine Aldopentose und wird D-Ribose genannt.

D. 3 ist eine Ketose und 1 eine Aldose.

E. 4 kann als Furanose und 2 als Pyranose vorliegen.

| 13.25 | 13.4.1 | Fragentyp B |

Ordnen Sie bitte den in Liste 1 angegebenen Zuckern die richtige Struktur aus Liste 2 zu.

Liste 1

1) L-Glucose
2) D-Fructose

Liste 2

A. 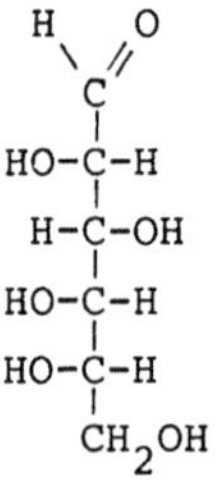
```
    H    O
     \\ //
      C
   HO-C-H
    H-C-OH
   HO-C-H
   HO-C-H
      CH₂OH
```

B.
```
   CH₂OH
    |
    C=O
   HO-C-H
    H-C-OH
    H-C-OH
      CH₂OH
```

C.
```
   CH₂OH
    |
    C=O
    H-C-OH
    H-C-OH
    H-C-OH
      CH₂OH
```

D. 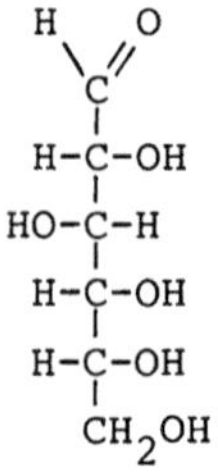
```
    H    O
     \\ //
      C
    H-C-OH
   HO-C-H
    H-C-OH
    H-C-OH
      CH₂OH
```

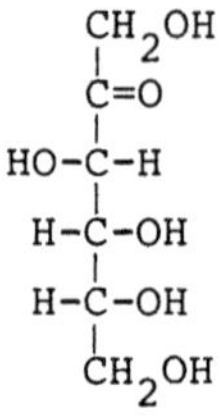

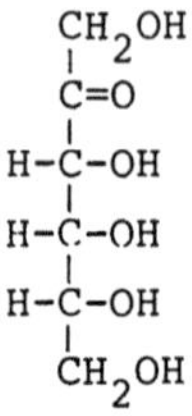

E.
```
   CH₂OH
    |
    C=O
    H-C-OH
   HO-C-H
   HO-C-H
      CH₂OH
```

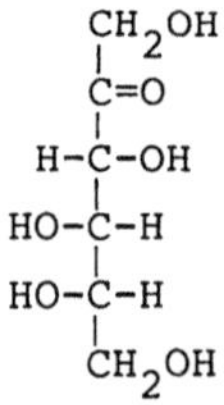

| 13.26 | 13.4.1 13.4.3 | Fragentyp A |

Welche Aussage trifft nicht zu?

α-D-Fructofuranose

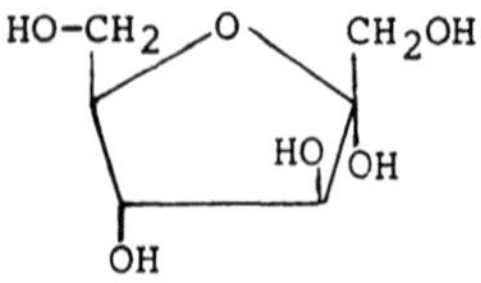

A. enthält vier Asymmetriezentren
B. ist eine Ketose
C. reduziert Fehlingsche Lösung
D. ist Bestandteil der Lactose (Milchzucker)
E. ist eine Hexose

13.27 13.4.1
       13.4.4   Fragentyp A

Welche Aussage trifft nicht zu?

I   II

A. I ist eine Aldopentose, II eine Aldotriose.
B. II besitzt ein Asymmetriezentrum und gehört der D-Reihe an.
C. I ist ein Desoxyzucker.
D. I liegt als Halbacetal in der β-Konfiguration vor.
E. I ist in der Haworth-Schreibweise, II in der Fischerprojektion angegeben.

13.28   13.4.2   Fragentyp A

Das "D" bei der Bezeichnung D-Ribose bedeutet, daß

A. das C-Atom 4 der Ribose die gleiche Konfiguration wie das C-Atom 2 des D-Glycerinaldehyds besitzt
B. die Polarisationsebene des linear polarisierten Lichtes immer nach rechts gedreht wird
C. das C-Atom 1 bei der Halbacetalbildung ein Asymmetriezentrum mit D-Konfiguration bildet
D. das C-Atom 5 in der R-Konfiguration vorliegt
E. zwei aufeinanderfolgende C-Atome gleiche Konfiguration haben

13.29   13.4.2   Fragentyp B

Ordnen Sie bitte den Verbindungen in Liste 1 die richtige Struktur aus Liste 2 zu.

Liste 1

1) L-Glucose
2) D-Glucose

Liste 2

A.
$$\begin{array}{c} O{=}CH \\ HO-C-H \\ H-C-OH \\ HO-C-H \\ HO-C-H \\ CH_2OH \end{array}$$

B.
$$\begin{array}{c} O{=}CH \\ H-C-OH \\ HO-C-H \\ H-C-OH \\ HO-C-H \\ CH_2OH \end{array}$$

C.
$$\begin{array}{c} O{=}CH \\ H-C-OH \\ HO-C-H \\ H-C-OH \\ H-C-OH \\ CH_2OH \end{array}$$

D.
$$\begin{array}{c} O{=}CH \\ H-C-OH \\ HO-C-H \\ HO-C-H \\ HO-C-H \\ CH_2OH \end{array}$$

E.
$$\begin{array}{c} O{=}CH \\ HO-C-H \\ HO-C-H \\ H-C-OH \\ H-C-OH \\ CH_2OH \end{array}$$

13.30   13.4.2   Fragentyp D

Welche der angegebenen Kohlenhydrate gehören der L-Reihe an?

1)
$$\begin{array}{c} O{=}CH \\ H-C-OH \\ HO-C-H \\ CH_2OH \end{array}$$

2)
$$\begin{array}{c} O{=}CH \\ HO-C-H \\ HO-C-H \\ CH_2OH \end{array}$$

3)
$$\begin{array}{c} O{=}CH \\ H-C-OH \\ HO-C-H \\ H-C-OH \\ H-C-OH \\ CH_2OH \end{array}$$

4)
```
   O   H
    \\ /
     C
     |
  H-C-OH
     |
 HO-C-H
     |
 HO-C-H
     |
  H-C-OH
     |
   CH₂OH
```

5)
```
   O   H
    \\ /
     C
     |
  H-C-OH
     |
   CH₂OH
```

Wählen Sie bitte die zutreffende Aussagenkombination.

A. Nur 1 und 2 sind richtig
B. Nur 2 und 4 sind richtig
C. Nur 2, 3 und 5 sind richtig
D. Nur 1, 2 und 4 sind richtig
E. Nur 1, 3, 4 und 5 sind richtig

13.31   13.4.3   Fragentyp A

Welche Aussage trifft nicht zu?
Die Fehlingsche Reaktion zum Nachweis von Zuckern läßt sich folgendermaßen formulieren:

R-CHO + 2 Cu^{++} + 4 OH^- ⟶ RCOOH + Cu_2O + 2 H_2O

Dabei

A. wird die Aldehydgruppe oxidiert
B. ändert das C-Atom 1 des Zuckers seine Oxidationsstufe
C. wird Cu^{++} zu Cu^+ reduziert
D. wird auf jedes Cu^{++}-Ion jeweils ein Elektron übertragen
E. wirkt der Zucker als Oxidationsmittel

13.32   13.4.3   Fragentyp A

Welche Aussage trifft nicht zu?
Der Zucker

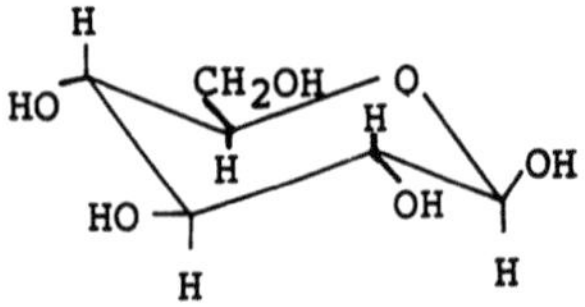

A. ist β-D-Glucopyranose
B. zeigt eine positive Fehlingreaktion
C. besitzt vier asymmetrische C-Atome
D. liegt in der Halbacetalform vor
E. ist der Grundkörper der Cellulose und Stärke

13.33   13.4.3   Fragentyp D

Eine positive Fehlingreaktion ergeben:

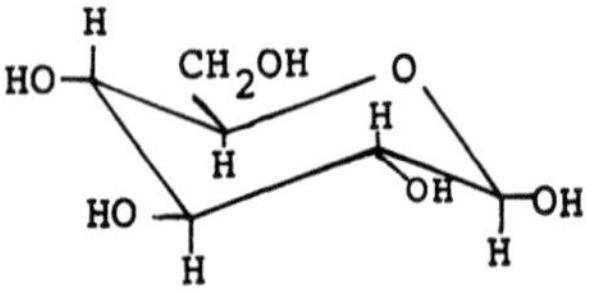

1)

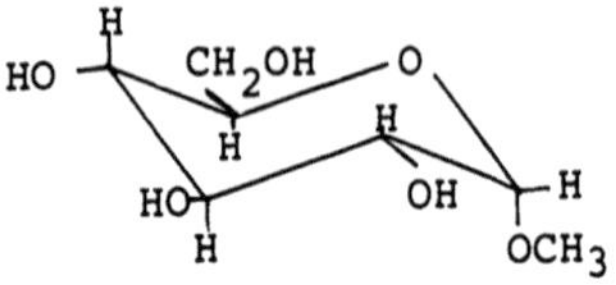

2)

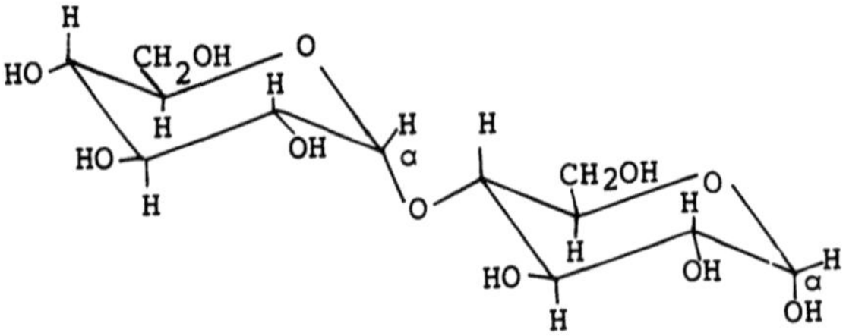

3)

```
    CH₂OH
    |
    C=O
    |
HO-C-H
    |
H-C-OH
    |
H-C-OH
    |
    CH₂OH
```
4)

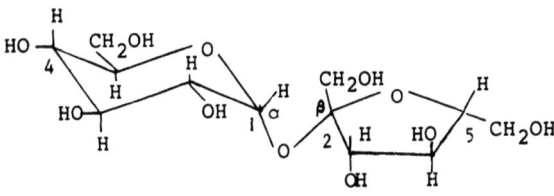

5)

Wählen Sie bitte die zutreffende Aussagenkombination.

A. Nur 1 und 3 sind richtig
B. Nur 2 und 3 sind richtig
C. Nur 1, 4 und 5 sind richtig
D. Nur 1, 2 und 5 sind richtig
E. Nur 1, 3 und 4 sind richtig

	13.4.3	
13.34	13.4.4	Fragentyp C

Glucose kann α-und β-Glucoside bilden,

<u>weil</u>

im Glucosemolekül durch die Halbacetalbildung ein weiteres Asymmetriezentrum entsteht.

13.35　　　　　　　　　13.4.3
　　　　　　　　　　　　13.4.4　　　　　　　　　Fragentyp D

α-D-Glucopyranose

1) ist ein Monosaccharid
2) enthält fünf Chiralitätszentren
3) reduziert nicht Fehlingsche Lösung
4) ist ein Vollacetal
5) ist eine Aldohexose

Wählen Sie bitte die zutreffende Aussagenkombination.

A. Nur 5 ist richtig
B. Nur 2, 3 und 4 sind richtig
C. Nur 1, 2 und 5 sind richtig
D. Nur 1, 4 und 5 sind richtig
E. Nur 1, 2 und 3 sind richtig

13.36　　　　　　　　　13.4.4　　　　　　　　　Fragentyp A

Welcher der angegebenen Zucker ist Methyl-α-D-glucopyranosid?

13.37   13.4.5   Fragentyp A

Welche Feststellung trifft nicht zu?
Die Verbindung mit der nachstehenden Formel

A. besteht aus Glucose und Galaktose
B. vermag Fehlingsche Lösung zu reduzieren
C. ist α-glykosidisch 1-4 verknüpft
D. ist ein Disaccharid
E. ist in der Sesselkonformation dargestellt

13.38   13.4.5   Fragentyp C

Rohrzucker vermag Fehlingsche Lösung zu reduzieren,

weil

Rohrzucker aus Glucose und Fructose besteht.

13.39   13.5   Fragentyp A

Ein Fett setzt sich zusammen aus

A. Glycerin und Fettsäuren
B. einem mehrwertigen Alkohol und Fettsäure
C. Glycerin, zwei Fettsäuren und einem Phosphorsäurederivat
D. Glycerin und einer bis drei Aminosäuren
E. Glycerin, Fettsäuren und einem glykosidisch an Glycerin gebundenen Zucker

13.40   13.5   Fragentyp B

Ordnen Sie bitte den Begriffen in Liste 1 die entsprechenden Strukturformeln aus Liste 2 zu.

Liste 1

1) Triglycerid
2) Diglycerid

Liste 2

A.
$$CH_2-O-\overset{O}{\underset{}{\overset{\|}{C}}}-C_{17}H_{35}$$
$$|$$
$$CH-O-\underset{O}{\overset{}{\underset{\|}{C}}}-C_{15}H_{31}$$
$$|$$
$$CH_2-O-\underset{O}{\overset{}{\underset{\|}{C}}}-C_{17}H_{35}$$

B.
$$CH_2-O-C_{18}H_{37}$$
$$|$$
$$CH-O-C_{16}H_{33}$$
$$|$$
$$CH_2-O-C_{18}H_{35}$$

C.
$$CH_2-O-\underset{O}{\overset{}{\underset{\|}{C}}}-C_{17}H_{35}$$
$$|$$
$$CHOH$$
$$|$$
$$CH_2-O-\underset{O}{\overset{}{\underset{\|}{C}}}-C_{15}H_{31}$$

D.
$$CH_2-O-\underset{O}{\overset{}{\underset{\|}{C}}}-C_{15}H_{31}$$
$$|$$
$$CHOH$$
$$|$$
$$CH_2-O-\overset{|\underline{O}|}{\underset{|\underline{O}|_\ominus}{\overset{\|}{P}}}-O-CH_2-CH_2-\overset{\oplus}{N}(CH_3)_3$$

E.
$$CH_2-O\diagdown\quad\diagup CH_3$$
$$|\qquad\quad C$$
$$CH-O\diagup\quad\diagdown CH_3$$
$$|$$
$$CH_2-O-\underset{O}{\overset{}{\underset{\|}{C}}}-CH_3$$

13.41   13.6.1   Fragentyp A

Unter einer Radikalkette versteht man eine Reaktion,

A. die durch Radikale initiiert wird und durch Bildung neuer Radikale während des Reaktionsablaufs unterhalten wird

B. die durch Radikale beendet wird

C. bei der zwei Radikale zu einem neuen Molekül kombinieren

D. bei der durch Spaltung einer Atombindung zwei Radikale entstehen

E. die durch energiereiche Strahlen (z.B. UV-Licht) ausgelöst und unterhalten wird

13.42   13.6.1   Fragentyp B

Ordnen Sie bitte den Reaktionsbezeichnungen in Liste 1 das entsprechende Beispiel aus Liste 2 zu.

Liste 1

1) Polykondensation
2) Polyaddition

Liste 2

A. $n\ CH_2=CH_2 \longrightarrow [-CH_2-CH_2-CH_2-CH_2-]_n$

B. $n\ H_2N-(CH_2)_6-NH_2 + n\ HOOC-(CH_2)_4-COOH \xrightarrow{-n\ H_2O}$
$[-OC-(CH_2)_4-CONH-(CH_2)_6-NH-]_n$

C. $n\ HO-(CH_2)_3-OH + n\ O=C=N-R-N=C=O \longrightarrow$
$[-O-(CH_2)_3-O-\underset{O}{\overset{\|}{C}}-\underset{H}{\overset{|}{N}}-R-\underset{H}{\overset{|}{N}}-\underset{O}{\overset{\|}{C}}-]_n$

D. $Cl_2 \longrightarrow 2Cl\cdot$
$Cl\cdot + RH \longrightarrow HCl + R\cdot$
$R\cdot + Cl_2 \longrightarrow RCl + Cl\cdot$

E. $CH_3-C\overset{O}{\underset{H}{\diagdown}} + CH_3-C\overset{O}{\underset{H}{\diagdown}} \xrightarrow{-H_2O} CH_3-CH=CH-C\overset{O}{\underset{H}{\diagdown}}$

13.43 13.6.1 Fragentyp A

Welche Aussage trifft zu?
Bei der Reaktion

n $H_2N-(CH_2)_6-NH_2$ + n $HOOC-(CH_2)_4-COOH$ $\xrightarrow{-n\ H_2O}$

$[-CO-(CH_2)_4-CO-NH-(CH_2)_6-NH-]_n$ handelt es sich um eine

A. Polymerisation
B. Dehydrierung
C. Polyaddition
D. Polykondensation
E. elektrophile Substitution

13.44 13.6.1 Fragentyp B

Ordnen Sie bitte den in Liste 1 angegebenen Polymeren die entsprechenden Monomeren aus Liste 2 zu.

Liste 1

1) $[-CH_2-CH_2-CH_2-CH_2-]_n$
2) $[-CH_2-\underset{CH_3}{CH}-CH_2-\underset{CH_3}{CH}-]_n$

Liste 2

A. $CH_2=CH_2$ B. $CH_2=CH-Cl$ C. $CH_2=\underset{COOCH_3}{C}-CH_3$

D. $CH_2=CH-CH=CH_2$ E. $CH_3-CH=CH_2$

13.45 13.6.2
       13.6.3   Fragentyp B

Ordnen Sie bitte den in Liste 1 angegebenen Sekundärstrukturen von Polypeptiden die wichtigste in Liste 2 genannte Ursache für ihre Bildung zu.

Liste 1

1) α-Helix
2) Faltblattstruktur

Liste 2

A. Peptidbindungen
B. intermolekulare Wasserstoffbrückenbindungen
C. intramolekulare Wasserstoffbrückenbindungen
D. hydrophobe Wechselwirkungen
E. Esterbindungen

13.46   13.6.3   Fragentyp A

Die Bildung einer α-Helix bei Polypeptiden erfolgt über

A. intramolekulare Wasserstoffbrückenbindungen
B. S-S-Brücken
C. Peptidbindungen
D. hydrophobe Wechselwirkungen
E. intermolekulare Wasserstoffbrückenbindungen

13.47   13.6.4   Fragentyp B

Ordnen Sie bitte den Polymeren in Liste 1 das richtige Verknüpfungsprinzip in Liste 2 zu.

Liste 1   Liste 2

1) Cellulose   A. α 1→4
2) Stärke   B. α oder β 1→4
                       C. β 1→4
                       D. α 1→4 und β 1→6
                       E. β 1→6

13.48	13.6.4	Fragentyp A

Welche Feststellung trifft zu?

Die glykosidischen Bindungen der flucoseeinheiten in der Cellulose sind

A. α 1→4
B. β 1→4
C. β 1→6
D. α 1→3
E. α- und β 1→6

14 Funktionelle Gruppen in Naturstoffen und Arzneimitteln

Kapitel 14 des Gegenstandskatalogs behandelt funktionelle Gruppen in Naturstoffen und Arzneimitteln. Fragen zu diesem Thema wurden in den vorgegangenen Kapiteln gestellt und werden deshalb nicht mehr gesondert behandelt.

15 Name und Strukturformel spezifischer Verbindungen

In Kapitel 15 sind organische Verbindungen nach Stoff-
klassen geordnet aufgeführt. Sie werden in den Kapiteln
des organischen Teils dieses Buches berücksichtigt und
werden deshalb nicht gesondert behandelt. Im folgenden
werden Namen und Strukturen aufgeführt.

15.1 Alkane

CH_4 CH_3-CH_3 $CH_3-CH_2-CH_3$ $CH_3-CH_2-CH_2-CH_3$

Methan   Ethan   Propan   Butan

$CH_3-CH_2-CH_2-CH_2-CH_3$ $CH_3-CH_2-CH_2-CH_2-CH_2-CH_3$

Pentan   Hexan

△   □   ⬠   ⬡

Cyclopropan   Cyclobutan 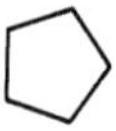   Cyclopentan 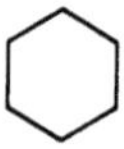   Cyclohexan

15.2 Alkene

$CH_2=CH_2$, $CH_3-CH=CH_2$, $CH_2=CH-CH=CH_2$

Ethen   Propen   Butadien

$$CH_2=\overset{\overset{\displaystyle CH_3}{|}}{C}-CH=CH_2$$

Isopren

15.3 Aromaten

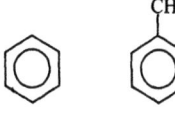
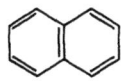

Benzol   Toluol   Naphtalin

15.4 Halogenide

CH_2Cl_2 $CHCl_3$ CCl_4

Dichlormethan   Trichlormethan   Tetrachlormethan
(Methylenchlorid)   (Chloroform)   (Tetrachlorkohlenstoff)

$R-N(CH_2CH_2Cl)_2$, $R = CH_3$, CH_3CH_2 usw.

    Stickstoff-Lost-Verbindungen

15.5 Alkohole, Phenole

CH$_3$-OH CH$_3$-CH$_2$-OH CH$_3$-CH$_2$-CH$_2$-OH CH$_3$-CH-CH$_3$
                                                       |
                                                       OH

Methanol   Ethanol   Propanol-1   Propanol-2

                                    OH   CH$_3$
                                    | |
CH$_3$-CH$_2$-CH$_2$-CH$_2$-OH   CH$_3$-CH$_2$-CH-CH$_3$ CH$_3$-CH-CH$_2$-OH

Butanol-1   Butanol-2   2-Methylpropan-
                       (sek.-Butanol)   ol-1 (iso-Butanol)

    CH$_3$
    |
CH$_3$-C-CH$_3$ CH$_2$-CH$_2$ CH$_2$-CH-CH$_2$
    | | | | | |
    OH   OH   OH   OH OH OH

2-Methylpropanol-2   Ethandiol   Glycerin
(tert.-Butanol)   (Glykol)

CH$_2$-OH
|
C=O
|
CH$_2$-OH

1,3-Dihydroxy-   Phenol   Hydrochinon
aceton

Cholesterin

15.6 Mercaptane

CH$_3$-CH$_2$-SH   CH$_3$
                                   |
Ethylmercaptan   CH$_3$-C-CH-COOH
                                 | |
HS-CH$_2$-CH$_2$-NH$_2$ HS NH$_2$

Cysteamin   Penicillamin

15.7 Ether

CH$_3$-CH$_2$-O-CH$_2$-CH$_3$

Diethylether

Tetrahydrofuran

Tetrahydropyran

15.8 Amine

CH$_3$-NH$_2$

Methylamin

(CH$_3$)$_2$NH

Dimethylamin

(CH$_3$)$_3$N

Trimethylamin

NH$_2$-C$_6$H$_5$

Anilin

CH$_2$-CH$_2$
| |
NH$_2$ OH

Ethanolamin

HO-CH$_2$-CH$_2$-$\overset{\oplus}{N}$(CH$_3$)$_3$ OH$^\ominus$

Cholin

CH$_3$-$\overset{O}{\overset{\|}{C}}$-O-CH$_2$-CH$_2$-$\overset{\oplus}{N}$(CH$_3$)$_3$ OH$^\ominus$

Acetylcholin

15.9 Sulfonsäuren

C$_6$H$_5$-SO$_3$H

Benzolsulfonsäure

R—$\overset{|\overset{..}{O}|}{\underset{|\overset{..}{O}|}{\overset{\|}{\underset{\|}{S}}}}$—NH$_2$

Sulfonsäureamid

15.10 Aldehyde, Ketone

H-C(=O)H   CH$_3$-C(=O)H   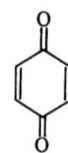   CH$_3$-C(=O)-CH$_3$

Formaldehyd   Acetaldehyd   Benzaldehyd   Aceton

15.11 Chinone

p—Benzochinon   Naphtochinon—(1,4)

15.12 Carbonsäure

H-COOH   CH$_3$-COOH   CH$_3$-CH$_2$-COOH   CH$_3$-CH$_2$-CH$_2$-COOH

Ameisen-   Essigsäure   Propionsäure   Buttersäure
säure

CH$_3$-(CH$_2$)$_{14}$-COOH   CH$_3$-(CH$_2$)$_{16}$-COOH

Palmitinsäure   Stearinsäure

HOOC-(CH$_2$)$_7$-CH=CH-(CH$_2$)$_7$-CH$_3$ I-CH$_2$-COOH

Ölsäure   Iodessigsäure

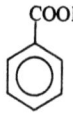   

Benzoesäure   p—Aminobenzoesäure

15.13 Carbonsäureester

CH$_3$-C(=O)-OCH$_2$CH$_3$

CH$_3$-C(=O)-CH$_2$-C(=O)-OCH$_2$CH$_3$

Essigsäureethylester Acetessigsäureethylester
(Ethylacetat)

[Salicylsäure-Struktur mit COOH und O-C(=O)-CH$_3$]

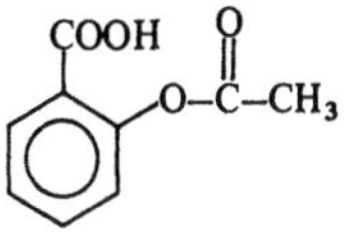

CH$_2$-OCO-(CH$_2$)$_{16}$-CH$_3$
|
CH - OCO-(CH$_2$)$_{16}$-CH$_3$
|
CH$_2$-OCO-(CH$_2$)$_{16}$-CH$_3$

Acetylsalicylsäure   Tristearin

CH$_3$-C(=O)-S-CH$_2$-CH$_2$-NH$_2$

S-Acetyl-cysteamin

15.14 Carbonsäureanhydride

CH$_3$-C(=O)-O-C(=O)-CH$_3$

Acetanhydrid

15.15 Säurechloride

CH$_3$-C(=O)-Cl   C$_6$H$_5$-C(=O)-Cl   O=C(Cl)$_2$

Acetylchlorid   Benzoylchlorid   Phosgen

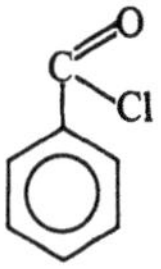

15.16 Säureamide

$NH_2-\overset{O}{\underset{\|}{C}}-NH_2$
Harnstoff

$NH_2-\overset{NH}{\underset{\|}{C}}-NH_2$
Guanidin

Barbitursäure

15.17 Dicarbonsäuren

COOH
|
COOH

Oxal-
säure

COOH
|
CH$_2$
|
COOH

Malon-
säure

COOH
|
(CH$_2$)$_2$
|
COOH

Bernstein-
säure

COOH
|
(CH$_2$)$_3$
|
COOH

Glutar-
säure

Fumarsäure

Maleinsäure

15.18 Hydroxy- und Ketocarbonsäuren

CH$_3$-CH-COOH
         |
         OH

Milchsäure

CH$_2$-CH-COOH
  | |
  OH   OH

Glycerinsäure

HOOC-CH$_2$-CH-COOH
              |
              OH

Äpfelsäure

COOH
|
CHOH
|
CHOH
|
COOH

Weinsäure

COOH
|
CH$_2$
|
CH$_2$
|
CH$_2$OH

3-Hydroxy-
buttersäure

CH$_2$-COOH
|
HO-C-COOH
|
CH$_2$-COOH

Zitronen-
säure

COOH
|
H-C-OH
|
HO-C-H
|
H-C-OH
|
H-C-OH
|
CH$_2$OH

D-Gluconsäure

$CH_3-\overset{O}{\underset{\|}{C}}-COOH$ $HOOC-\overset{O}{\underset{\|}{C}}-CH_2-COOH$ $CH_3-\overset{O}{\underset{\|}{C}}-CH_2-COOH$

Brenztrauben-   Oxalessigsäure   Acetessigsäure
säure

$HOOC-CH_2-CH_2-\overset{O}{\underset{\|}{C}}-COOH$

α-Ketoglutarsäure   Salicylsäure

15.19 Aminosäuren

Glycin   Alanin   β-Alanin   Cystein

Cystin   Phenylalanin   Glutaminsäure

Glutamin   Lysin   Histidin

15.20 Kohlenhydrate

```
    CHO
H-C-OH
  CH₂OH
```
D-Glycerin-
aldehyd

```
    CHO
H-C-OH
H-C-OH
H-C-OH
  CH₂OH
```
D-Ribose

```
    CHO
    CH₂
H-C-OH
H-C-OH
  CH₂OH
```
2-Desoxy-
D-ribose

```
    CHO
H-C-OH
HO-C-H
H-C-OH
H-C-OH
  CH₂OH
```
D-Glucose

```
  CH₂OH
   C=O
HO-C-H
H-C-OH
H-C-OH
  CH₂OH
```
D-Fructose

```
    CHO
H-C-NH₂
HO-C-H
H-C-OH
H-C-OH
  CH₂OH
```
D-Glucosamin

```
    CHO
H-C-NH-C-CH₃
HO-C-H     O
H-C-OH
H-C-OH
  CH₂OH
```
N-Acetyl-glucosamin

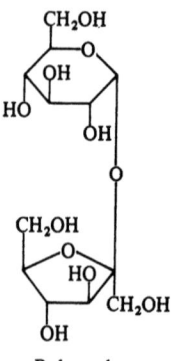

Rohrzucker
(Saccharose)

Milchzucker
(Lactose)

15.21 Heterocyclen

Adenin　　　Guanin　　　Cytosin　　　Thymin　　　Uracil

Antwortenschlüssel

1. Atombau

1.01	C	1.16	A	1.31	1D, 2A, 3B
1.02	C	1.17	C	1.32	A
1.03	1D, 2B, 3A	1.18	D	1.33	C
1.04	C	1.19	A	1.34	B
1.05	A	1.20	A	1.35	C
1.06	A	1.21	A	1.36	E
1.07	A	1.22	D	1.37	C
1.08	D	1.23	D	1.38	E
1.09	E	1.24	1A, 2E	1.39	D
1.10	C	1.25	A	1.40	D
1.11	C	1.26	D	1.41	C
1.12	B	1.27	D	1.42	D
1.13	B	1.28	A	1.43	C
1.14	D	1.29	A	1.44	A
1.15	C	1.30	C	1.45	A

2. Chemische Bindung, Molekülbegriff

2.01	1D, 2C	2.13	B	2.25	C
2.02	D	2.14	C	2.26	D
2.03	A	2.15	A	2.27	B
2.04	C	2.16	E	2.28	E
2.05	E	2.17	E	2.29	D
2.06	E	2.18	E	2.30	C
2.07	E	2.19	C	2.31	C
2.08	A	2.20	D	2.32	A
2.09	A	2.21	C	2.33	B
2.10	E	2.22	C	2.34	B
2.11	D	2.23	E	2.35	A
2.12	E	2.24	1B, 2E	2.36	D

3. Zustandsformen der Materie

3.01	E	3.06	E	3.11	D
2.02	D	3.07	A	3.12	B
3.03	1A, 2B	3.08	A	3.13	C
3.04	C	3.09	B	3.14	B
3.05	D	3.10	A	3.15	E

4. Reaktionen der Stoffe

4.01	B	4.12	1C, 2C	4.24	1B, 2C
4.02	D	4.13	B	4.25	C
4.03	B	4.14	A	4.26	B
4.04	C	4.15	D	4.27	E
4.05	C	4.16	A	4.28	B
4.06	D	4.17	D	4.29	C
4.07	B	4.18	C	4.30	B
4.08	A	4.19	B	4.31	D
4.09	1B, 2B	4.20	D	4.32	B
4.10	D	4.21	D	4.33	D
4.11	1B, 2E	4.22	C	4.34	D
		4.23	C	4.35	C

5. Homogene Gleichgewichte

5.01	A	5.16	D	5.31	C
5.02	C	5.17	E	5.32	E
5.03	D	5.18	A	5.33	C
5.04	A	5.19	B	5.34	C
5.05	A	5.20	A	5.35	D
5.06	1D, 2C	5.21	E	5.36	D
5.07	C	5.22	B	5.37	E
5.08	D	5.23	D	5.38	1C, 2B, 3A
5.09	E	5.24	E	5.39	D
5.10	D	5.25	1B, 2C	5.40	E
5.11	A	5.26	D	5.41	A
5.12	C	5.27	D	5.42	C
5.13	A	5.28	C	5.43	D
5.14	B	5.29	B	5.44	1C, 2B, 3D
5.15	A	5.30	D	5.45	B

6. Heterogene Gleichgewichte

6.01	B	6.06	B	6.11	1C, 2D, 3E
6.02	E	6.07	C	6.12	1E, 2E, 3D
6.03	C	6.08	1B, 2B, 3B	6.13	E
6.04	A	6.09	A	6.14	E
6.05	D	6.10	C	6.15	C
				6.16	B

7. Kinetik, Energetik

7.01	E	7.11	D	7.21	C
7.02	D	7.12	1B, 2C, 3E	7.22	1C, 2E
7.03	C	7.13	1A, 2C	7.23	C
7.04	D	7.14	B	7.24	D
7.05	B	7.15	D	7.25	D
7.06	C	7.16	A	7.26	1B, 2A
7.07	B	7.17	B	7.27	E
7.08	A	7.18	C	7.28	C
7.09	A	7.19	E	7.29	A
7.10	D	7.20	E		

9. Struktur und Stereochemie organischer Verbindungen

9.01	E	9.18	1B, 2B	9.35	A
9.02	D	9.19	B	9.36	B
9.03	1B, 2B	9.20	E	9.37	D
9.04	D	9.21	D	9.38	E
9.05	B	9.22	A	9.39	1B, 2C
9.06	D	9.23	B	9.40	C
9.07	A	9.24	A	9.41	D
9.08	1C, 2D	9.25	E	9.42	1D, 2E
9.09	C	9.26	E	9.43	A
9.10	D	9.27	B	9.44	A
9.11	A	9.28	D	9.45	1D, 2B
9.12	E	9.29	C	9.46	C
9.13	A	9.30	D	9.47	B
9.14	1A, 2B	9.31	1C, 2D	9.48	B
9.15	1D, 2A	9.32	C	9.49	D
9.16	D	9.33	D	9.50	D
9.17	C	9.34	B	9.51	E

10. Reaktionen mit Kohlenwasserstoffen

10.01	D	10.06	A	10.11	1B, 2A
10.02	A	10.07	A	10.12	1A, 2D
10.03	D	10.08	B	10.13	C
10.04	E	10.09	1A, 2A	10.14	E
10.05	C	10.10	A	10.15	1A, 2A, 3A
				10.16	C

11. Heterocyclen

11.01	C	11.04	C
11.02	E	11.05	E
11.03	C	11.06	E
		11.07	1A, 2E, 3B

12. Monofunktionelle und einfache polyfunktionelle Verbindungen

12.01	1C, 2D	12.28	A	12.55	E
12.02	E	12.29	D	12.56	B
12.03	B	12.30	1C, 2A	12.57	D
12.04	1D, 2A	12.31	C	12.58	C
12.05	D	12.32	B	12.59	C
12.06	C	12.33	B	12.60	A
12.07	A	12.34	D	12.61	B
12.08	B	12.35	C	12.62	A
12.09	E	12.36	D	12.63	E
12.10	C	12.37	A	12.64	B
12.11	C	12.38	C	12.65	C
12.12	A	12.39	D	12.66	1A, 2E
12.13	A	12.40	E	12.67	E
12.14	A	12.41	D	12.68	1C, 2A
12.15	B	12.42	E	12.69	C
12.16	D	12.43	1B, 2E	12.70	C
12.17	C	12.44	E	12.71	C
12.18	B	12.45	1B, 2A	12.72	C
12.19	C	12.46	B	12.73	B
12.20	B	12.47	B	12.74	A
12.21	C	12.48	C	12.75	C
12.22	D	12.49	C	12.76	E
12.23	1B, 2C	12.50	B	12.77	D
12.24	C	12.51	B	12.78	C
12.25	D	12.52	B	12.79	B
12.26	E	12.53	E	12.80	D
12.27	E	12.54	D	12.81	E
				12.82	1E, 2B

13. Polyfunktionelle, natürlich vorkommende Verbindungen

13.01	1E, 2C	13.17	A	13.33	E
13.02	C	13.18	C	13.34	A
13.03	B	13.19	C	13.35	C
13.04	C	13.20	D	13.36	B
13.05	B	13.21	B	13.37	A
13.06	E	13.22	1B, 2C, 3E	13.38	D
13.07	C	13.23	1E, 2E	13.39	A
13.08	C	13.24	C	13.40	1A, 2C
13.09	1D, 2B	13.25	1A, 2B	13.41	A
13.10	C	13.26	D	13.42	1B, 2C
13.11	A	13.27	C	13.43	D
13.12	A	13.28	A	13.44	1A, 2E
13.13	E	13.29	1A, 2C	13.45	1C, 2B
13.14	B	13.30	A	13.46	A
13.15	E	13.31	E	13.47	1C, 2A
13.16	C	13.32	C	13.48	B

Titel des Buches: **Examens-Fragen**
Chemie für Mediziner, 3. Auflage

Was können wir bei der nächsten Auflage besser machen?

Zur inhaltlichen und formalen Verbesserung unserer Lehrbücher bitten wir um Ihre Mithilfe. Wir würden uns deshalb freuen, wenn Sie uns die nachstehenden Fragen beantworten könnten.

1. Finden Sie ein Kapitel besonders gut dargestellt? Wenn ja, welches und warum? _____
   _____
   _____

2. Welches Kapitel hat Ihnen am wenigsten gefallen. Warum? _____
   _____
   _____

3. Bringen Sie bitte dort ein × an, wo Sie es für angebracht halten.

	Vorteilhaft	Angemessen	Nicht angemessen
Preis des Buches			
Umfang			
Aufmachung			
Abbildungen			
Tabellen und Schemata			
Register			

	Sehr wenige	Wenige	Viele	Sehr viele
Druckfehler				
Sachfehler				

4. Spezielle Vorschläge zur Verbesserung dieses Textes (u. a. auch zur Vermeidung von Druck- und Sachfehlern) _____
   _____
   _____
   _____
   _____
   _____

bitte wenden!

5. Bitte teilen Sie uns mit, auf welchen Fachgebieten Ihrer Meinung nach moderne Lehrbücher fehlen. Dazu folgende kurze Charakterisierung unserer eigenen Werke:

Fragensammlungen	= Examensfragen zur Vorbereitung auf Prüfungen
Basistexte	= vermitteln nach der neuen Approbationsordnung das für das Examen wichtige Stoffgebiet
Kurzlehrbücher	= zur Vertiefung des Basiswissens gedacht; für den sorgfältigen Studenten
Lehrbücher	= Umfassende Darstellungen eines Fachgebietes; zum Nachschlagen spezieller Informationen

Fachgebiet	Fragensammlungen	Basistexte	Kurzlehrbücher	Lehrbücher

Bei Rücksendung werden Sie automatisch in unsere Adressenliste aufgenommen.

Name_____

Adresse_____

Fachstudium_____
Semester_____
Ärztliche Vorprüfung_____
Datum/Unterschrift_____

Wir danken Ihnen für die Beantwortung der Fragen und bitten um Einsendung des Blattes an:

>Frau M. Kalow
>Springer-Verlag
>Neuenheimer Landstraße 28
>**6900 Heidelberg 1**

Heidelberger Taschenbücher
Basistext Medizin

Band 171
H. P. Latscha, H. A. Klein

Chemie für Mediziner

Begleittext zum Gegenstandskatalog für die Fächer der Ärztlichen Vorprüfung

4., völlig überarbeitete Auflage. 1977.
101 Abbildungen, 23 Tabellen. XI, 278 Seiten
DM 18,80
ISBN 3-540-08041-4

Inhaltsverzeichnis: Chemische Elemente und chemische Grundgesetze. – Aufbau der Atome. – Periodensystem der Elemente. – Moleküle, chemische Verbindungen und Reaktionsgleichungen. – Chemische Bindung. – Materie und ihre Eigenschaften. – Chemisches Gleichgewicht. – Lösungen. – Säuren und Basen. – Redoxvorgänge. – Heterogene Gleichgewichte. – Kinetik und Energetik chemischer Reaktionen. – Thermodynamik. – Struktur, Stereochemie und Reaktionen von Kohlenwasserstoffen. – Ungesättigte Kohlenwasserstoffe. – Heterocyclen. – Verbindungen mit einfachen funktionellen Gruppen. Verbindungen mit ungesättigten funktionellen Gruppen. – Spezielle Ester. – Stereoisomerie. – Einige polyfunktionelle, natürliche Verbindungen. – Aminosäuren. – Peptide. – Kohlenhydrate. – Biopolymere. – Funktionelle Gruppen in Naturstoffen (Beispiele). – Hinweise zur Nomenklatur organischer Verbindungen.

Springer-Verlag
Berlin
Heidelberg
New York

Lehrbücher für den 1. Abschnitt der ärztlichen Vorprüfung

Eine Auswahl

Allgemeine klinische Untersuchungen
Herausgeber: B. Savić
1978
DM 48,-
ISBN 3-540-08493-2
Einführungslehrbuch

C. Bresch, R. Hausmann
Klassische und molekulare Genetik
3., erweiterte Auflage. 1972
DM 42,-
ISBN 3-540-05802-8

A. A. Bühlmann, E. R. Froesch
Pathophysiologie
3., überarbeitete und erweiterte Auflage. 1976
(Heidelberger Taschenbücher, Band 101)
DM 19,80
ISBN 3-540-07724-3
Basistext

M. Daunderer, N. Weger
Vergiftungen
Erste-Hilfe-Maßnahmen des behandelnden Arztes
2., neubearbeitete Auflage. 1978
(Kliniktaschenbücher)
DM 22,80
ISBN 3-540-08643-9

Experimentelle und klinische Immunologie
von O. G. Bier, D. Götze, I. Mota, W. Dias da Silva
Übersetzt aus dem Englischen von A.-M. Götze, D. Götze und für die deutsche Ausgabe ediert von D. Götze
1979
DM 58,-
ISBN 3-540-09196-3
Einführungslehrbuch

E. Fischer-Homberger
Geschichte der Medizin
2., überarbeitete Auflage. 1977
(Heidelberger Taschenbücher, Band 165)
DM 19,80
ISBn 3-540-08194-1
Basistext

Lehrbuch der Allgemeinen Pathologie und der Pathologischen Anatomie
Herausgeber: M. Eder, P. Gedigk
30., neubearbeitete Auflage. 1977
Gebunden DM 96,-
ISBN 3-540-08386-3

F. H. Meyers, E. Jawetz, A. Goldfien
Lehrbuch der Pharmakologie
für Studenten der Medizin aller Studienabschnitte und für Ärzte
Übersetzt, bearbeitet und ergänzt von B. Lemmer, G. Wiethold, R. Saller, M. Hodgson
1975
DM 68,-
ISBN 3-540-07356-6
Einführungslehrbuch

Radiologie
Herausgeber: H. Hundeshagen
1978
DM 58,-
ISBN 3-540-08328-6
Einführungslehrbuch

L. Sachs
Angewandte Statistik
Statistische Methoden und ihre Anwendungen
5., neubearbeitete und erweiterte Auflage. 1978
DM 59,80
ISBN 3-540-08813-X

L. Sachs
Statistische Methoden
4., neubearbeitete Auflage. 1979
DM 10,80
ISBN 3-540-09226-9

**Springer-Verlag
Berlin Heidelberg New York**

Fragentyp A = Einfachauswahl
Auf eine Frage oder unvollständige Aussage folgen 5 Antworten oder Ergänzungen, von denen eine einzige auszuwählen ist, und zwar entweder die einzig richtige oder die beste von mehreren möglichen oder die einzig falsche. Die Frage nach der einzig richtigen Antwort wird am häufigsten gestellt. Wenn nach der „besten" oder der einzig falschen Antwort gefragt wird, so geht dies aus dem Aufgabentext ausdrücklich hervor.

Fragentyp B = Aufgabengruppe mit gemeinsamem Antwortangebot (Zuordnung)
Jede Aufgabengruppe besteht aus
a) einer beliebigen Anzahl von numerierten Begriffen, Fragen oder Aussagen (= Aufgabenliste = Liste 1).
b) 5 durch die Buchstaben A - E gekennzeichneten Antwortmöglichkeiten (= Liste 2).
Eine Fragengruppe enthält so viele - einzeln bewertete - Aufgaben, wie die Aufgabenliste Punkte hat.
Zu jeder numerierten Aufgabe ist die Antwort A - E auszuwählen, die für zutreffend gehalten wird. Jede Antwortmöglichkeit kann einmal, mehrmals oder überhaupt nicht als Lösung vorkommen.

Fragentyp C = kausale Verknüpfung
Dieser Aufgabentyp besteht aus zwei durch das Wort „weil" verknüpften Feststellungen.
Jede der beiden Feststellungen kann unabhängig von der anderen richtig oder falsch sein. Wenn sie beide richtig sind, kann die Verknüpfung durch „weil" richtig oder falsch sein.
Bitte kreuzen sie die Antwort A - E an, die nach Ihrer Meinung die beiden Feststellungen und ihre Verknüpfung richtig beurteilt:

Antwort	Feststellung 1	Feststellung 2	Verknüpfung
A	richtig	richtig	richtig
B	richtig	richtig	falsch
C	richtig	falsch	–
D	falsch	richtig	–
E	falsch	falsch	–

Fragentyp D = Antworten mit Aussagenkombinationen
Auf eine Frage oder unvollständige Aussage folgen numerierte Begriffe oder Sätze, von denen *einer oder mehrere* zutreffen können.
Für jede Aufgabe nach Typ D werden 5 Kombinationen der numerierten Aussagen vorgegeben.
Aus diesen mit den Buchstaben A - E gekennzeichneten Antworten wählen Sie bitte die Aussagenkombinationen aus, die Sie für richtig halten.

Typ E = Fragen mit Bildmaterial
Bei diesem Aufgabentyp enthalten die Aufgaben Bildmaterial (Röntgenaufnahmen).
Die Aufgaben selbst können nach Typ A (= Einfachauswahl), Typ B (= Aufgabengruppe mit gemeinsamem Antwortangebot) oder Typ D (= Aussagenkombinationen) konstruiert sein.

MIX
Papier aus verantwortungsvollen Quellen
Paper from responsible sources
FSC® C105338

If you have any concerns about our products,
you can contact us on
ProductSafety@springernature.com

In case Publisher is established outside the EU,
the EU authorized representative is:
**Springer Nature Customer Service Center GmbH
Europaplatz 3, 69115 Heidelberg, Germany**

Printed by Libri Plureos GmbH
in Hamburg, Germany